VINGT
LEÇONS DE CHOSES

DES MÊMES AUTEURS.

Éléments usuels des sciences physiques et naturelles, d'après les nouveaux programmes du 27 juillet 1882.

(Ouvrages adoptés pour les Écoles municipales de la Ville de Paris).

Cours élémentaire. *Premières leçons de choses.* 1 vol. avec 120 figures. 2ᵉ édition......................... 0 fr. 80 c.

Cours moyen, 1 vol. in-12 avec questionnaires, résumés, devoirs à faire, indications d'expériences très simples et 250 gravures sur bois, 2ᵉ édition........................... 1 fr. 25 c.

Cours supérieur, 1 vol. in-12, avec questionnaires, résumés, etc., et plus de 500 gravures sur bois. (*Pour paraître très prochainement.*)

Premiers éléments des sciences usuelles. *Leçons de choses.* Chaque livret cartonné avec 25 gravures sur bois, questionnaires, résumés, devoirs à faire, indications d'expériences très simples .... 0 fr. 25 c.

Ont déjà paru : Nᵒ 1, *Les Charbons ;* nᵒ 2, *Bougies, Huiles, Gaz ;* nᵒ 3, *Chauffage et Éclairage ;* nᵒ 4, *Le Fer ;* nᵒ 5, *Zinc, Étain, Plomb, Cuivre ;* nᵒ 6, *Argent, Or, Monnaies ;* nᵒ 7, *L'Habitation, Matériaux de construction.*

Vingt leçons de choses, un volume avec 150 figures, résumé des brochures précédentes................ 1 fr. 25 c.

Matériel des leçons de choses, correspondant aux sept livrets précédents, le tout en boîte..................... 15 fr.
Le même, *franco*................................... 18 fr.

Le matériel correspondant à chaque livret peut être envoyé séparément *franco*.. 3 fr.

Paris. — Soc. d'imp. PAUL DUPONT, 41, rue J.-J.-Rousseau (Cl.) 168.9.82

VINGT
LEÇONS DE CHOSES

Combustibles. — Métaux. — Matériaux de construction.

PAR

M. Gaston BONNIER

Agrégé des Sciences physiques, Docteur ès Sciences naturelles,
Professeur à l'École Normale Supérieure.

*Chargé des conférences sur le nouvel enseignement, dans
l'Académie de Paris ;*

ET

M. A. SEIGNETTE

Agrégé des Sciences naturelles, Professeur au Lycée Condorcet.

*Ouvrage rédigé conformément aux nouveaux
programmes du 27 juillet 1882, à l'usage de tous les enfants
de 8 à 13 ans.*

(AVEC 130 GRAVURES SUR BOIS PAR CLÉMENT)

PARIS

SOCIÉTÉ D'IMPRIMERIE ET LIBRAIRIE ADMINISTRATIVES ET CLASSIQUES

PAUL DUPONT, Éditeur

41, RUE JEAN-JACQUES-ROUSSEAU (HÔTEL DES FERMES)

1884

PRÉFACE

Un certain nombre d'instituteurs nous ont demandé de réunir en un seul volume notre première série de livrets de leçons de choses. C'est le but de ce petit ouvrage, mais nous avons cru qu'il était utile de leur donner ici une moindre extension (1).

Nous avons cherché à exercer l'esprit d'observation des élèves en prenant pour exemples des objets dont la connaissance soit très utile, et surtout en étudiant ces objets dans un certain ordre.

Les leçons ainsi comprises donneront un double résultat. Non seulement l'élève aura appris à observer par lui-même et à raisonner sur les ressemblances ou les différences qu'il remarque entre les diverses choses qu'on lui présente, mais, en outre, il aura acquis un certain nombre de connaissances nécessaires, et il retiendra ces premières notions, parce qu'elles sont reliées les unes aux autres par un plan logique.

Quant aux *choses* nécessaires à l'enseignement, ce sont toujours des objets qu'on peut se procurer partout, sans frais et avec la plus grande facilité (2).

---

(1) On trouvera, par exemple, dans les livrets de leçons de choses n°ˢ 1, 2, 3, 4, 5, 6 et 7, les sujets suivants qui ne sont pas traités dans ce volume : *Fabrication des bougies, stéarine, épuration du gaz d'éclairage, cheminées, poêles, calorifères, lampes, becs de gaz, pierre infernale, argenture, essai des monnaies et des bijoux, orpailleurs, mercure, ses propriétés, son extraction, etc.*

(2) Matériel des leçons de choses conforme aux indications de ce volume. 6 boîtes avec échantillons. — Libr. PAUL DUPONT.

Ce petit livre est accompagné de nombreuses gravures qui ont été dessinées spécialement pour le texte par M. Clément, et jamais le texte n'est fait pour les gravures.

Pour un enseignement aussi élémentaire, on a cru être utile à l'Instituteur en plaçant, non à la fin de chaque leçon, mais au bas des pages, des questions correspondant à chacun des paragraphes.

A la fin de chaque leçon se trouvent placés des résumés qui, en quelques mots, en contiennent la substance.

Car, ainsi qu'on l'a dit en rédigeant d'autres volumes élémentaires, quel que soit l'attrait des lectures faites ou l'utilité des leçons apprises, elles ne devront pas faire négliger l'enseignement proprement dit avec les objets. L'élève, provoqué par les questions du maître, doit agir avec une certaine initiative, trouver lui-même les propriétés qu'on veut lui faire remarquer et les conséquences qu'il doit en déduire : c'est cet enseignement qui laissera le plus de traces dans l'esprit des enfants.

GASTON BONNIER.
A. SEIGNETTE.

Octobre 1883.

1re LEÇON.

CORPS QU'ON BRULE.

1. Corps qu'on brûle (1).— Voici une bûche; on peut la brûler; c'est un combustible. On peut de même brûler du papier, de la paille, du charbon; toutes ces substances sont aussi des combustibles.

En général, un combustible est une substance qu'on peut brûler.

Beaucoup de corps peuvent être mis dans le feu, sans être brûlés : si, par exemple, nous mettons dans le feu une barre de fer, cette barre est bientôt extrêmement chaude; elle brûle les corps qu'elle touche, mais elle ne se brûle pas elle-même, et une fois qu'elle est refroidie, elle redevient ce qu'elle était avant d'avoir été chauffée. Au contraire, quand une bûche ou d'autres combustibles ont été brûlés, ils sont détruits; on ne peut plus leur rendre l'aspect qu'ils avaient avant d'avoir été chauffés.

Quand un corps brûle ainsi, on dit qu'il est en *combustion*.

2. Comment on fait pour brûler une bûche. — En ce moment cette bûche ne brûle pas ; il faut y mettre le feu ;

(1) Objets utiles à l'enseignement pour cette leçon : bûche, soufflet, pelle à feu.

---

1. — Qu'est-ce qu'un combustible?
2. — De quoi se compose une allumette ?
Pourquoi une allumette a-t-elle du phosphore ?
Pourquoi a-t-elle du soufre ?
Comment allume-t-on une bûche ?

pour cela il est nécessaire de la chauffer très fortement, au moins sur l'une de ses parties.

Pour y arriver, nous prendrons une allumette comme celle-ci ; c'est, nous le savons, un petit bâton en bois, jaune à l'un de ses bouts, parce qu'il y est recouvert de soufre ; tout à fait à l'extrémité, sur le soufre, est un peu de phosphore, ordinairement coloré en rouge ou en bleu.

Frottons l'allumette contre le mur, le frottement échauffe le phosphore au point qu'il s'enflamme ; le phosphore enflammé met le feu au soufre, qui, à son tour, échauffe assez le bois de l'allumette pour qu'il brûle.

Pourquoi ne met-on pas seulement du phosphore au bout des allumettes ?

C'est parce que le phosphore brûle si vite qu'il n'aurait pas le temps de mettre le feu au bois de l'allumette ; comme le soufre brûle plus facilement que le bois et moins vite que le phosphore, il permet au bois de s'enflammer.

Le bois de cette allumette brûle, mais on sait qu'on ne pourrait pas faire brûler cette bûche en l'enflammant directement avec l'allumette ; c'est maintenant l'allumette elle-même qui brûlerait trop vite pour que la bûche ait le temps de prendre feu. Plaçons alors, au-dessous de la bûche, des petites branches qui s'allument facilement, et au-dessous mettons du papier qui prend feu encore plus vite que ce petit bois ; enfin allumons le papier avec l'allumette et la bûche sera elle-même bientôt enflammée.

3. L'air est nécessaire pour qu'un corps brûle.— En se mettant devant la cheminée où brûle la bûche, on sent très bien un courant d'air froid qui vient des fenêtres ou des portes de la chambre et qui entre dans la cheminée.

Supprimons ce courant d'air ; prenons, par exemple, la bûche à laquelle nous venons de mettre le feu, lorsqu'elle est à moitié brûlée et plaçons-la dans un

---

3. — Pourquoi le bois enflammé ne continue-t-il pas à brûler si on l'enferme dans un étouffoir ?

seau qui puisse être exactement fermé par un couvercle (c'est ce qu'on appelle un étouffoir). Quand la bûche sera restée quelques instants ainsi enfermée elle s'éteindra complètement (1).

Pour brûler il faut que le bois soit *dans l'air* ; pour continuer à brûler longtemps il faut qu'il soit *dans un courant d'air*.

4. Soufflet.— Au contraire, prenons un soufflet (fig. 1)

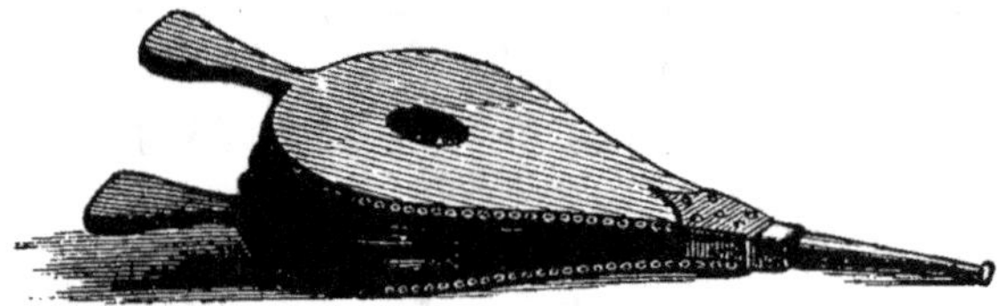

Fig. 1. — Soufflet.

et soufflons sur la bûche à demi-brûlée. La bûche brûle beaucoup plus fortement en face du tuyau du soufflet, le bois rougit davantage et la flamme reparaît. Si nous continuons à souffler, la bûche se consumera rapidement; nous savons tous qu'avec un soufflet on peut même ranimer un feu qui va s'éteindre.

Que fait-on en soufflant ainsi sur le feu ?

On y introduit beaucoup plus d'air.

Examinons avec attention comment est fait un soufflet et ce qui se passe quand on s'en sert.

Le soufflet (fig. 2) se compose, comme nous le voyons, de deux planchettes A B, munies de manches, et réunies de chaque côté par un morceau de cuir souple C qui peut se

(1) On se sert d'un étouffoir par économie, pour conserver la partie du combustible qui n'a pas brûlé lorsqu'on n'a plus besoin du feu.

---

4. — Que fait-on en soufflant sur le feu ?
Comment est fait un soufflet ?
Qu'arrive-t-il quand on ouvre et quand on ferme un soufflet ?

plisser. A l'une des planchettes est fixé un tuyau T; sur le milieu de cette planchette nous voyons un grand trou. Ce trou est fermé par une lame de cuir D qui est en dedans du soufflet. Mais appuyons un peu sur cette lame, nous voyons

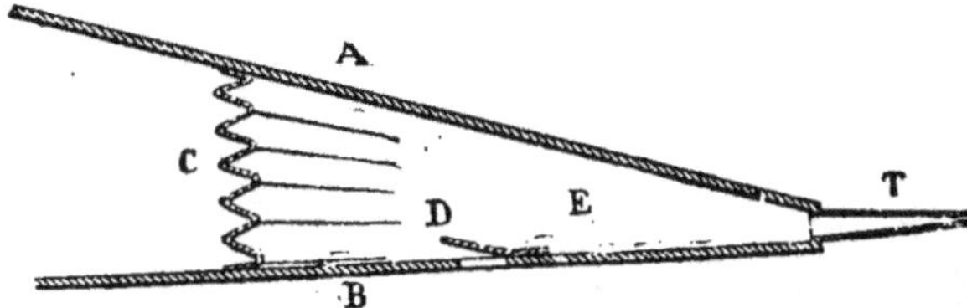

Fig. 2. — AB, planchettes munies de manches; C, morceau de cuir plissé D, lame de cuir; E, air remplissant le soufflet; T, tuyère.

qu'elle s'enfonce; elle n'est, en effet, qu'appliquée sur le bord intérieur du trou et n'est fixée qu'en un point de ce bord.

Fermons ce soufflet; l'air qui est dedans en sort avec force; un vif courant d'air se produit à l'extrémité du tuyau. L'air qui se trouve dans l'espace E est, en effet, pressé par les deux planchettes et il n'en peut sortir que par le tuyau; car l'autre ouverture est complètement fermée par la lame de cuir D que la pression de l'air appuie fortement contre les bords du trou.

Ouvrons maintenant le soufflet : l'air se précipite dans l'intérieur par le trou de la planchette en repoussant en dedans la lame de cuir; le soufflet se remplit d'air qui ne pourra sortir que par le tuyau, lorsqu'on le poussera de nouveau en rapprochant les deux planchettes.

Nous voyons ainsi qu'avec un soufflet nous pouvons lancer sur un même point d'un corps en combustion une grande quantité d'air, et c'est cet air qui vient augmenter l'activité de la combustion.

5. L'air chaud est plus léger que l'air froid.

5. — Pourquoi de très petits morceaux de papier s'élèvent-ils au-dessus d'une pelle chauffée au rouge ?

— Prenons une pelle à feu, faisons-la chauffer très fortement et ne la retirons du feu que lorsqu'elle est rouge ; laissons alors tomber sur elle des morceaux de papier extrêmement petits (fig. 3) ; ils n'arrivent pas jusqu'à la pelle ;

Fig. 3 — Si l'on jette de très petits morceaux de papier sur une pelle chauffée au rouge, on les voit s'élever.

nous les voyons s'élever et retomber plus loin ; c'est que l'air, en s'échauffant au contact de cette pelle, est devenu plus léger que l'air froid et qu'il a entraîné, en s'élevant, les petits morceaux de papier.

6. Lorsqu'un corps brûle, il se produit un courant d'air. — Jetons maintenant un morceau de papier dans une cheminée au-dessus du feu (fig. 4) ; ce papier s'enflamme et souvent nous le voyons disparaître rapidement dans le tuyau de la cheminée. L'expérience que nous venons de faire avec la pelle, nous donne l'explication de ce fait : l'air chaud, nous l'avons vu, est plus léger que l'air froid, il monte donc dans le tuyau ; mais cet air qui monte est remplacé par de l'air froid qui entre dans la cheminée, s'y échauffe en passant sur le feu et monte à son tour dans le tuyau, et ainsi de suite, tant qu'il y a du feu dans la cheminée.

---

6. — Pourquoi la flamme d'une bûche s'élève-t-elle dans une cheminée ? Que reste-t-il dans le foyer de la cheminée quand la bûche a été brûlée ?

Pourquoi donc avons-nous placé le petit bois et le papier au-dessous de la bûche et non au-dessus?

Parce que la flamme monte.

Et pourquoi la flamme monte-t-elle?

Elle monte parce qu'elle est entraînée par le courant d'air qui entre dans la cheminée.

7. Ce qui reste après qu'un corps a été brûlé. — Quand la bûche a été complètement brûlée, il n'est plus resté que des *cendres*. Les cendres ne peuvent pas brûler, même quand on les chauffe très fortement; elles ne représentent qu'une toute petite partie de la bûche. Tout ce qui n'est pas les cendres est passé dans le tuyau : c'est la *fumée*.

La fumée monte entraînée par le courant d'air et dépose sur les parois du tuyau une matière noire qui forme la *suie*. Un feu de cheminée est dû à la suie qui prend feu ; la suie n'est donc pas comme les cendres ; elle peut brûler.

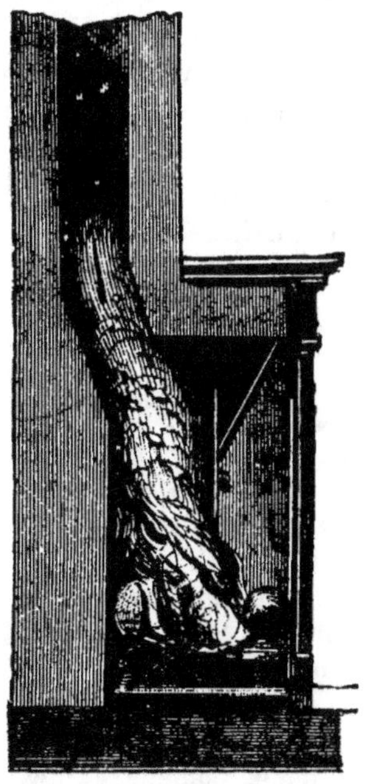

Fig. 4. — Coupe en long d'une cheminée.

8. Combustibles produisant de la chaleur; combustibles éclairant. — Lorsque la bûche dont nous avons parlé brûle, quelle sensation a-t-on en approchant la main ?

---

7. — Qu'est-ce qui monte au-dessus de la flamme dans le tuyau d'une cheminée ?
Qu'est-ce qui se dépose sur les parois du tuyau ?
Quelle est la cause des feux de cheminée ?
8 — Quels sont les deux emplois des combustibles ?

On sent de la chaleur ; la bûche *chauffe*.

Si la bûche brûle dans une chambre non éclairée, elle produira une lueur vacillante qui donnera dans la chambre une certaine clarté : la bûche *éclaire*.

Un combustible peut donc chauffer et éclairer; certains combustibles sont meilleurs pour le chauffage, d'autres pour l'éclairage.

Nous allons d'abord étudier successivement les combustibles les plus employés pour le chauffage.

RÉSUMÉ.

1 à 8. — Combustibles. Combustion. — Certains corps, quand ils sont fortement chauffés, peuvent brûler, ce sont des *combustibles ;* ils se produit alors ce qu'on appelle une *combustion*.

Les combustibles ne brûlent que dans l'air, et plus l'air se renouvelle autour d'eux, plus leur combustion est active.

Ce renouvellement de l'air se fait naturellement, parce que l'air s'échauffe en passant sur le combustible et devient alors plus léger ; l'air chaud monte et est remplacé par une nouvelle masse d'air froid.

Lorsqu'un corps a été brulé, il laisse des *cendres ;* le reste a formé la *fumée*.

Les combustibles en brûlant produisent de la chaleur et de la lumière; ils sont utilisés pour le chauffage et pour l'éclairage.

2° LEÇON.

BOIS, CHARBON DE BOIS ET CHARBON DE TERRE
CORPS QU'ON BRÛLE POUR CHAUFFER.

9. Bois de chauffage (1). — Le bois de tous les arbres peut brûler, surtout lorsqu'il est bien sec. Lorsqu'il n'est pas assez sec, l'eau qu'il renferme l'empêche de bien brûler ; on voit alors cette eau sortir aux deux bouts de la bûche en produisant une sorte de sifflement ; on dit que la bûche chante. Tous les bois sont donc des combustibles, mais les bois de différents arbres ne brûlent pas de la même manière.

10. Différents bois de chauffage. — Voici, par exemple, trois branches d'arbres coupées en travers : l'une est une branche de pin (dont on voit la tranche fig. 5), une autre de chêne (fig. 6), la troisième de peuplier.

Fig. 5 — Coupe en travers d'une bûche de pin.

(1) Objets utiles pour cette leçon : bûchettes de bois de chêne, de peuplier et de pin, charbon de terre, toile métallique, charbon de bois.

---

9. — Qu'arrive-t-il quand on brûle une bûche humide ?
10. — Quelle différence y a-t-il entre une bûche de chêne, une bûche de peuplier et une bûche de pin ?

Nous pouvons voir sur la tranche des trois branches des cercles concentriques ; de plus, sur celles du chêne et du peuplier, nous distin-guer nettement des li-gnes qui vont du mi-lieu au bord.

Si, avec un canif, nous entamons ces dif-férentes branches, nous constatons que le chêne résiste beau-coup, qu'il est très dur ; au contraire, le peuplier et le pin ne sont pas durs, on les coupe très facilement.

Nous voyons encore que le bois de chêne a une couleur foncée,

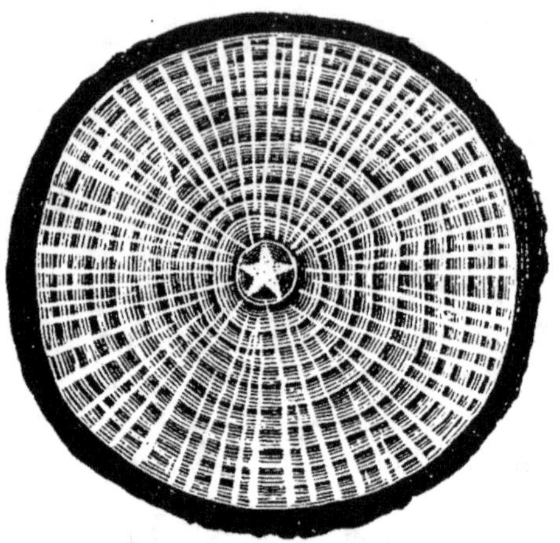

Fig. 6. — Coupe en travers d'une bûche de chêne.

et que le peuplier, au contraire, est blanc ainsi que le pin. Mais le bois de peuplier diffère du bois de pin.

Le bois de pin, en effet, renferme de la résine; on peut le constater à son odeur.

11. Bois dur, bois blanc, bois résineux. — Il y a donc du *bois dur* comme le chêne, du *bois blanc* comme le peuplier, du *bois blanc résineux* comme le bois de pin.

A ces différences, correspondent des qualités particu-lières comme combustibles : le chêne et tous les bois durs brûlent lentement en donnant beaucoup de chaleur; le peuplier et tous les bois blancs brûlent rapidement et dé-veloppent moins de chaleur que les bois durs. Quant au bois de pin et à tous les bois résineux, ils brûlent vite

---

11. — Citez un exemple de bois dur, de bois blanc, de bois blanc résineux ?

1.

comme les bois blancs et donnent beaucoup de chaleur comme les bois durs.

12. Charbon de terre et Charbon de bois. — Considérons ce morceau de charbon de terre (fig. 7) et ce morceau de charbon de bois.

Fig. 7. — Morceau de charbon de terre.

Tous deux sont noirs, ils salissent les mains quand on les prend ; mis dans le feu, ils brûlent l'un et l'autre. Mais les deux combustibles diffèrent sous bien des rapports : le premier brûle en donnant une flamme jaune très brillante et en produisant beaucoup de fumée, le second brûle en donnant une flamme bleuâtre et pas de fumée. Mettons un morceau de charbon de terre dans une main et un morceau de charbon de bois à peu près de la même grosseur dans l'autre main ; nous sentons très bien que le premier est lourd, que le second est léger.

Regardons de près le charbon de terre ; il a une forme irrégulière, sa surface est brillante ; le charbon de bois a, au

---

12. — Quelles ressemblances y a-t-il entre un morceau de charbon de terre et un morceau de charbon de bois ? Quelles différences ?
Avec quoi est fait le charbon de bois ?
Où trouve-t-on le charbon de terre ?
Quel autre nom donne-t-on au charbon de terre ?

contraire, une forme bien déterminée, c'est celle d'un fragment de branche d'arbre ; cassons-le en travers, nous voyons sur la partie cassée des cercles concentriques et des lignes qui partent du milieu pour aller aux bords. La bûche que nous observions tout à l'heure nous a présenté la même apparence ; c'est que ce morceau de charbon a été fait avec une branche d'arbre, c'est un charbon que l'on a fabriqué.

Le charbon de terre, appelé aussi *houille*, se trouve, au contraire, dans le sol tel que nous le voyons ; on ne fait que l'en retirer.

13. Mines de charbon de terre. — C'est ainsi qu'on le trouve en Belgique, dans l'Amérique du Nord et en Angleterre ; la France aussi possède un certain nombre de mines de charbon de terre (1), telles que celles du département du Nord, de Saint-Étienne, d'Autun, d'Alais (fig. 8 et 9), mais ces mines sont loin de fournir tout le char-

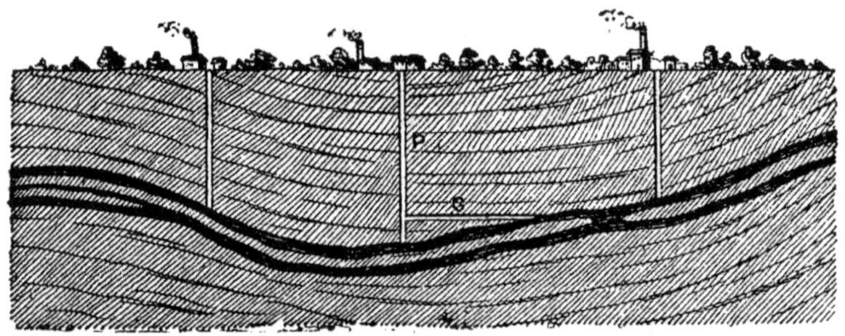

Fig. 8. — Coupe d'une mine de houille : P, puits d'exploitation ; G, galeries.

bon de terre nécessaire à l'industrie ; on en fait venir des quantités considérables d'Angleterre et de Belgique.

(1) Les mines de charbon de terre sont aussi appelées *Houillères*.

---

13. — Où trouve-t-on les mines de charbon de terre ?
Où et quand a-t-on découvert le charbon de terre ?

Les mines de houille constituent une cause de grande richesse pour les pays où elles se trouvent, en fournissant le combustible qui sert à chauffer les machines à vapeur.

Fig. 9. — Ouvriers travaillant dans la galerie d'une mine de houille.

Il n'y a pas longtemps que ces précieux dépôts sont utilisés; leur existence paraît avoir été complètement ignorée des anciens ; cela n'a rien d'étonnant, car il est rare de voir ces mines au niveau du sol ; les couches épaisses de charbon de terre ne se trouvent généralement qu'à une grande profondeur.

Il y a environ un millier d'années, on a commencé à se servir du charbon de terre comme combustible, dans quelques villages de Belgique, où il se trouve à la surface du sol ; son emploi a été bien longtemps très restreint, et c'est seulement vers la fin du siècle dernier qu'il s'est généralisé en France.

14. Gaz des marais. Grisou. — Les mines de charbon de terre sont de toutes les mines les plus dangereuses à exploiter.

A tous les dangers que présentent habituellement les travaux des mines, tels que les éboulements, les inondations, le manque d'air, il vient ici s'en joindre un autre bien plus terrible, c'est le *grisou*.

Nous savons tous que si on agite avec un bâton la vase du fond d'un marais (fig. 10), il se dégage beaucoup de bulles

Fig. 10. — Si l'on agite avec un bâton la vase du fond d'un marais, on voit des bulles de gaz monter à la surface de l'eau.

qui viennent à la surface de l'eau; ce sont des bulles comme celles qui se produisent si l'on souffle à travers un tube qui plonge dans l'eau. Mais ce ne sont pas des bulles

---

14. Qu'est-ce que le gaz des marais?
Brûle-t-il?
Comment peut-on le recueillir ?
Que se passe-t-il si l'on approche une bougie de l'ouverture d'un flacon qui renferme un mélange de gaz des marais et d'air?
Quelles précautions doit-on prendre dans cette expérience?
Qu'est-ce que le grisou?
Quels sont les effets du grisou ?

d'air ; ces bulles sont formées par un gaz qu'on appelle le *Gaz des marais*.

En effet, si nous approchons une allumette d'une de ces bulles au moment où elle arrive à la surface, il se produit une flamme ; ce gaz brûle.

Recevons ce gaz dans un petit flacon plein d'eau renversé au dessus d'un entonnoir (fig. 11) ; quand il est à moitié plein, laissons entrer de l'air, puis bouchons-le ; maintenant roulons une serviette autour de ce flacon, de manière qu'il soit parfaitement entouré, enlevons le bouchon et approchons le goulot du flacon de la flamme d'une bougie : une détonation très forte se produit, si forte que le flacon est brisé en petits morceaux ; c'est pour cela qu'il

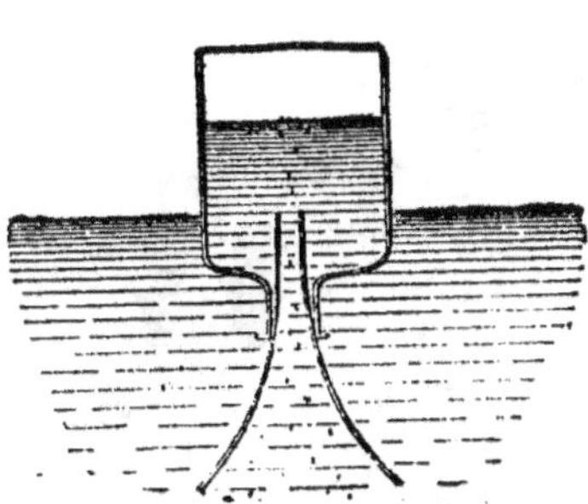

Fig. 11. — Manière de recueillir le gaz des marais.

était nécessaire dans cette expérience d'entourer le flacon de linge, comme nous l'avons fait ; sans cette précaution on aurait certainement été blessé par les éclats de verre du flacon.

Voilà donc un gaz qui, mêlé à l'air, produit une très forte explosion ; or, ce gaz est le même qui se dégage souvent en grande quantité des mines de charbon de terre ; comme il est très léger, il s'amasse à la voûte des galeries, se mêle à l'air, et si par malheur ce mélange, connu sous le nom de *grisou*, se trouve en présence d'un corps enflammé, tel que la lampe d'un mineur, ce qui vient de se passer dans le flacon se reproduit en grand dans la mine ; il se fait une violente explosion.

La force de cette explosion est souvent très redoutable ; le sol tremble, les galeries remplies de flammes s'écroulent et c'est par centaines qu'il faut quelquefois compter les victimes.

15. Lampe de Davy. — Le chimiste anglais Davy a, au commencement de ce siècle, trouvé un moyen très simple pour lutter contre ce fléau.

Sur la flamme de cette lampe, abaissons cette toile formée de minces fils de fer (fig. 12); nous voyons que la flamme

Fig. 12. — La flamme ne traverse pas la toile métallique.

ne passe pas en dessus, la toile métallique l'arrête absolument; mais cette toile laisse passer l'air; si donc on enferme la flamme d'une lampe dans une sorte de cage de toile métallique (fig. 13), l'air nécessaire à la combustion de la lampe ne sera aucunement arrêté; la lampe continuera à éclairer. Maintenant, supposons qu'une pareille lampe soit portée au milieu du grisou, que se passera-t-il ?

Il se produira une explosion, mais cette explosion sera limitée à l'intérieur de la toile métallique, la flamme de l'explosion ne pouvant traverser cette toile; le grisou qui est dans la galerie ne s'enflamme pas et le seul inconvénient qu'aura ressenti l'ouvrier, c'est que sa lampe se sera

---

15. — Que se passe-t-il si on met un morceau de toile métallique sur la flamme d'une lampe ?
En quoi consiste la lampe de Davy ?
Pourquoi peut-elle empêcher les accidents produits par le grisou ?

éteinte et qu'il est obligé de sortir de la mine pour la rallumer.

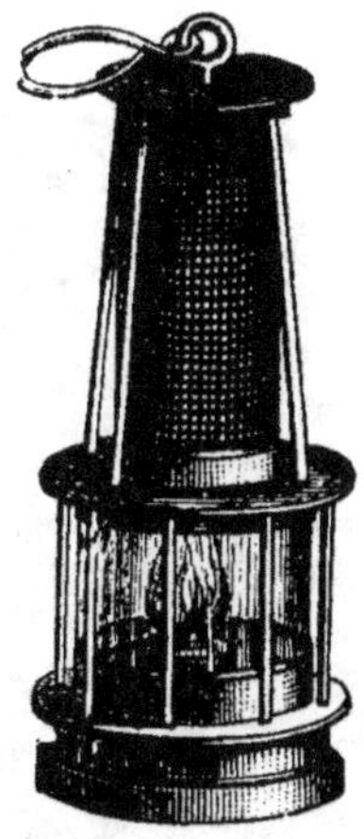

Fig. 13. — Lampe de Davy.

Munis de cette lampe, les ouvriers pourraient ne plus avoir à craindre les désastreux effets du grisou; malheureusement, de fréquentes imprudences, dont les coupables sont les premières victimes, font que l'on a encore bien fréquemment à déplorer d'épouvantables catastrophes.

16. Fabrication du charbon de bois dans les forêts. — Voyons maintenant comment on fait le charbon de bois.

Nous avons tous vu, dans les bois, ces buttes recouvertes de terre et de mottes de gazon d'où s'échappe de la fumée (fig. 14); ce sont des buttes (appelées aussi fourneaux) faites par les charbonniers.

---

16. — Comment fabrique-t-on le charbon de bois ?
Comment sont construites les buttes de charbonniers ?
Comment les allume-t-on ?
Comment empêche-t-on le bois qui forme ces buttes de brûler entièrement ?
Que doit-on faire pour empêcher le charbon de brûler en donnant de la fumée ?
Qu'est-ce que la braise et les fumerons ?

Pour les construire, les charbonniers cherchent d'abord
un endroit de la forêt bien abrité du vent et où l'on puisse
facilement rendre le sol très uni ; quand ce premier travail

Fig. 14. — Fabrication du charbon de bois.

est fait, ils plantent en terre quelques grandes bûches, qui
forment une sorte de cheminée (fig. 15), au milieu.

Ils disposent en-
suite les branches
tout autour de cette
cheminée, et for-
ment ainsi trois ou
quatre étages su-
perposés, allant en
se rétrécissant de
la base au sommet ;
c'est alors qu'ils re-
couvrent ce grand
tas de bois avec de

Fig. 15. — Coupe d'une butte de charbonnier.

la terre et du gazon ; en laissant libre l'ouverture supérieure de la cheminée. A la base, sur le pourtour de la butte, ils pratiquent des ouvertures à travers la terre (comme on le voit à la base de la figure 15, à droite et à gauche) ; ils jettent enfin dans la cheminée du petit bois bien sec, et tout est prêt pour la fabrication du charbon ; il ne reste plus qu'à allumer le petit bois, ce qui n'est pas très difficile à cause des courants d'air qui peuvent s'établir jusqu'à la cheminée par les trous situés à la base de la butte. Quand le petit bois est bien pris, il communique le feu aux parois de la cheminée et de là aux branches qui l'entourent ; mais comme l'air n'arrive pas très facilement, la combustion ne peut pas être bien active et le bois ne peut pas brûler complètement.

C'est justement ce que l'on cherche à obtenir ; cette combustion incomplète forme le charbon de bois.

Les charbonniers savent régler l'intensité des courants d'air, en bouchant les trous de la base ou en faisant de nouvelles ouvertures, de telle sorte que la combustion ne soit pas trop vive, et soit cependant assez active.

Si la combustion est trop complète, une grande partie du bois brûle trop, en donnant de la cendre et de la fumée ; il reste un charbon trop brûlé, très léger, très peu dur, c'est de la *braise* ; la perte est alors considérable, beaucoup de charbon se consumant pendant l'opération.

Si, au contraire, on ne pratique pas assez d'ouvertures à la base, les courants d'air ne peuvent pas facilement s'établir et le bois ne brûle pas entièrement ; le charbon possède alors une teinte non pas noire, mais brune ; en brûlant il donne de la fumée ; il constitue alors ce qu'on appelle des *fumerons*.

Quand les charbonniers ont évité ces deux inconvénients, et que le charbon est assez cuit sans l'être trop, ils étouffent le feu en fermant les ouvertures de la base, et en recouvrant toute la butte d'une épaisse couche de terre.

Lorsque le feu est bien éteint, la butte se refroidit, et quand elle est entièrement froide on la démolit; c'est alors qu'on trouve le charbon à la place du bois.

17. Pourquoi on fait du charbon de bois. — Dans quel but a-t-on transformé en charbon ce bois, qui lui-même constituait déjà un bon combustible ?

Voici un fourneau plein de charbon qui brûle ; nous ne voyons pas la moindre fumée ; cette propriété de brûler sans donner de fumée est un des plus grands avantages du charbon, et le fait adopter pour une foule d'emplois.

Maintenant, si nous soulevons une petite bûche de bois, et ensuite un morceau de charbon de même dimension, nous remarquons immédiatement que le charbon est beaucoup plus léger que le bois.

Ce qui manque au morceau de charbon, c'est la partie du bois qui a brûlé dans la butte ; or cette partie du bois est celle qui donne le moins de chaleur ; il y a donc dans le charbon la partie du bois qui, en brûlant, chauffe le plus.

Cette grande légèreté du charbon est encore une très précieuse qualité, car on peut le transporter à peu de frais.

Une charrette, chargée de charbon de bois, fournit de quoi chauffer beaucoup plus que si elle avait le même chargement en bûches de bois.

18. Dangers que peut présenter l'emploi du charbon. — L'emploi du charbon exige toutefois certaines précautions ; ainsi il ne faudrait pas croire que parce que le charbon ne donne pas de fumée, on pourrait sans inconvénient en brûler dans une chambre fermée.

Le charbon, en effet, peut produire en brûlant une subs-

---

17. — Quel avantage a-t-on à brûler du charbon de bois plutôt que du bois?

18. — Quels inconvénients y a-t-il à brûler du charbon dans une chambre mal aérée

Qu'est-ce qui cause ces inconvénients ?

tance invisible et sans odeur, qui se mêle à l'air, et cette substance est un poison des plus dangereux.

Si l'on respire cet air ainsi empoisonné, on ressent habituellement des maux de tête et un malaise général.

Lorsqu'on aère la chambre, ces fâcheux effets disparaissent bientôt ; si, au contraire, sans se douter de la cause du mal, on reste dans cette chambre fermée on perd connaissance, la respiration ne produit plus ses effets habituels et la mort ne tarderait pas à survenir.

Ce redoutable produit de la combustion du charbon se forme surtout quand il n'y a pas un courant d'air suffisant ; quand le charbon brûle bien, quand il n'y a plus dans un fourneau que des charbons incandescents et qu'on n'aperçoit plus de charbons noirs, il ne s'en forme que très peu.

Au contraire, quand on vient d'allumer du charbon, il s'en produit des quantités considérables.

De même quand le charbon, faute d'un courant d'air suffisant, commence à s'éteindre, le danger reparait.

Il peut donc toujours être dangereux de laisser le charbon brûler dans une chambre sans qu'un courant d'air suffisant entraîne dans une cheminée les gaz qui se produisent.

RÉSUMÉ.

9 à 11. — Combustion du bois. — Quelle que soit la nature du bois que l'on emploie comme combustible, il faut, pour qu'il brûle bien, qu'il ait été coupé longtemps avant d'être brûlé; on lui laisse ainsi le temps de se dessécher.

Tout le monde sait que lorsqu'on met dans le feu une bûche qui n'est pas sèche, cette bûche rejette de l'eau par ses extrémités en produisant un sifflement particulier ; le feu n'est bien pris que lorsque la bûche a rejeté toute l'eau qu'elle renfermait.

Les bois durs sont d'excellents combustibles qui donnent beaucoup de chaleur et brûlent lentement.

Les bois blancs sont des combustibles de qualité inférieure qui se consument rapidement et donnent peu de chaleur.

Les bois blancs résineux donnent en brûlant beaucoup de chaleur, et leur flamme est très éclairante.

12 à 15. — Charbon de terre. — Le charbon de terre est un bon combustible qui produit beaucoup de chaleur en brûlant ; on le trouve enfoui dans le sol, où il constitue des mines.

Dans ces mines se dégage souvent un gaz qui, avec l'air, produit le *grisou ;* ce mélange peut s'enflammer en causant une violente explosion.

On évite cet inconvénient en employant dans les mines la lampe de Davy, dans laquelle la flamme est entourée d'une toile métallique.

16, 17, 18. — Charbon de bois. — Le charbon de bois s'obtient en faisant incomplètement brûler du bois. Pour cela, on construit avec des branches d'arbres des buttes auxquelles on met le feu après les avoir recouvertes de terre.

Ce charbon brûle sans produire de fumée : il est très léger ; il est formé par la partie du bois qui, en brûlant, produit le plus de chaleur.

Si l'air ne se renouvelle pas suffisamment autour du charbon qui brûle, il se dégage un gaz qui est un poison dangereux.

TOURBE, BRIQUETTES, ESPRIT DE VIN, ESPRIT DE BOIS.

19. Tourbe (1). — Voici maintenant (fig. 16) un morceau d'un autre combustible naturel, la *Tourbe*.

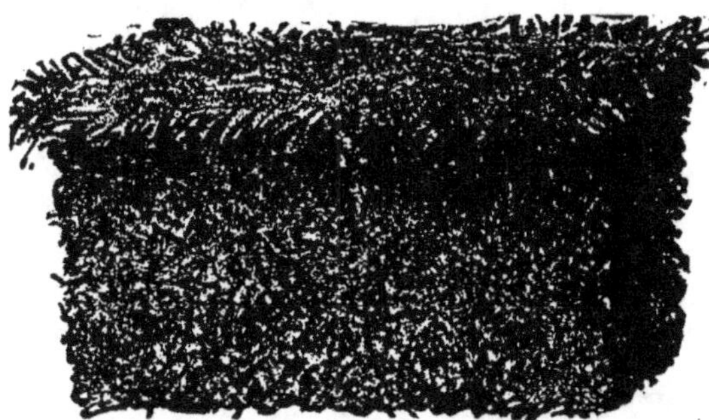

Fig. 16. — Morceau de tourbe.

Comparons-le au morceau de charbon de terre (fig. 7).

Nous voyons d'abord que ce morceau est terne et non brillant comme le charbon de terre ; il ne présente pas de facettes miroitantes ; mais en l'examinant de près, nous pouvons remarquer qu'il est composé d'une masse de filaments enchevêtrés au milieu d'une espèce de pâte poudreuse peu consistante. En regardant avec attention ces filaments, nous reconnaîtrons facilement que ce sont des débris de végétaux.

Si nous soulevons ce morceau de tourbe, nous verrons

(1) Objets utiles à cette leçon : tourbe, coke, briquette, charbon de Paris, esprit de vin ou esprit de bois.

---

19. Quel est l'aspect de la tourbe ?
Quel usage en fait-on ?

qu'il est beaucoup plus léger qu'un morceau de charbon de terre de même volume.

Mettons cette tourbe sur ce fourneau ; elle brûle avec une flamme jaunâtre et produit une fumée d'une odeur désagréable qui lui est spéciale.

La tourbe est un combustible très bon marché dans certains pays. La tourbe est alors fort utile, et on l'emploie aux mêmes usages que le bois de chauffage ; mais, en somme, c'est un combustible inférieur.

20. Formation de la tourbe. — Tourbières. — Dans

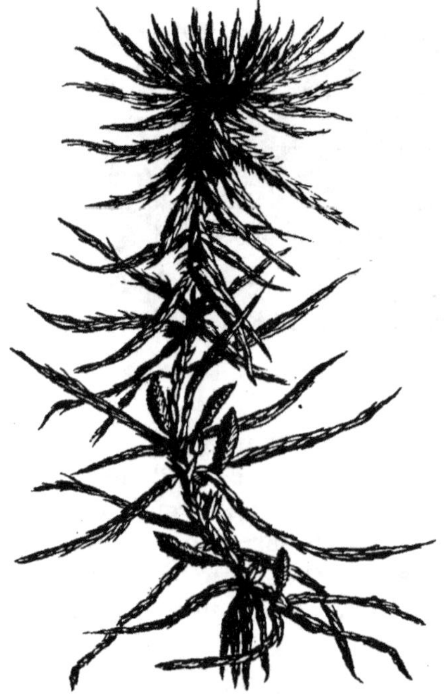

Fig. 17. — Sphaigne, espèce de mousse dont les débris forment la tourbe.

---

20. — Comment se forme la tourbe ?
Comment appelle-t-on les endroits où il y a de la tourbe ?

beaucoup de marais, il pousse en grande quantité une espèce de mousse nommée *sphaigne* (fig. 17). Quand ces sphaignes meurent, leurs débris tombent au fond de l'eau ; il peut, à la longue, se former de cette manière un dépôt d'une épaisseur considérable.

Fig. 18. — Tourbière aux environs d'Amiens.

Les prêles, les joncs, les roseaux y enchevêtrent leurs racines ; les lentilles d'eau, les nénuphars et toutes les autres plantes d'eau y laissent aussi tomber leurs débris, et il se constitue alors une masse feutrée qui, se décomposant très lentement, en dehors du contact de l'air, garde surtout son charbon.

La tourbe se forme ainsi tous les jours au fond de vastes marécages, où elle forme les *tourbières* (fig. 18). Il existe des tourbières dans beaucoup de parties de la France ; les plus importantes se trouvent dans la vallée de la Somme et dans la Loire-Inférieure, où elles donnent lieu à une exploitation importante.

21. Coke. — Passons maintenant à l'étude de cet autre morceau de charbon.

Nous reconnaissons qu'il diffère de tous ceux que nous venons d'étudier.

C'est une masse noire bien plus légère que la houille et plus lourde que le charbon de bois ; sa surface est moins brillante que celle du charbon de terre et plus brillante que celle du charbon de bois. On l'appelle *coke*.

Ce morceau de coke est extrêmement dur au toucher, il tache les doigts ; sa structure rappelle un peu celle d'une éponge.

Mettons-le dans le feu ; nous trouverons qu'il brûle plus difficilement que tous les combustibles que nous avons précédemment étudiés ; il donne une flamme très courte et ne produit pas de fumée ; quand il est tout en feu, retirons-le du foyer, nous le voyons s'éteindre presque immédiatement.

Le coke ne brûle, en effet, que lorsqu'il se trouve en masse assez considérable ; il exige de plus un courant d'air assez fort. Mais sa combustion produit une chaleur très grande qui le fait beaucoup apprécier dans l'industrie.

---

21. — Quel est l'aspect du coke ?
En quoi l'emploi du coke est-il préférable à celui du charbon de terre ?

22. Fabrication du Coke. — Le coke est un combustible artificiel, on ne le trouve pas tout formé dans le sol.

Pour le fabriquer, on fait chauffer très fort du charbon de terre dans des vases où l'air ne peut pas pénétrer. En somme, on fait à peu près la même chose que pour la fabrication du charbon de bois.

Dans cette dernière opération nous avons vu qu'on débarrassait le bois de la partie qui brûle le plus facilement et qui en brûlant produit la fumée. De même, si nous chauffons fortement le charbon de terre dans des conditions telles qu'il ne puisse arriver que très peu d'air, nous le détruisons en partie ; ce qui restera après cette opération sera le coke (1).

23. Charbon de Paris. — Voici (fig. 19) un charbon artificiel qu'on appelle *charbon de Paris* ; il brûle sans odeur et sans fumée ; ces qualités le font employer dans beaucoup de circonstances ; on le fabrique en pressant fortement un mélange de poussière de charbon de bois et de certains goudrons.

Fig. 19. — Charbon de Paris.

24. Briquettes. — En voici un autre (fig. 20), connu sous le nom de *briquettes* ; on le fabrique en comprimant

(1) Nous reviendrons sur cette fabrication quand nous traiterons de l'éclairage par le gaz.

---

22. — Comment fabrique-t-on le coke ?
23. — Qnels sont les avantages du charbon de Paris ?
Comment le fait-on ?
24. — Qu'appelle-t-on briquettes ?
Avec quoi sont-elles faites ?
Quel est l'avantage des briquettes ?

un mélange de goudron et de poussière de charbon de terre; il est très employé dans l'industrie, surtout pour chauffer les locomotives. L'invention des briquettes permet d'utiliser très avantageusement la poussière de charbon de terre, qui auparavant était presque entièrement perdue; on donne habituellement à ce charbon moulé la forme

Fig. 20. — Briquette.

d'une brique percée de trous, qui facilitent le passage de l'air.

25. Esprit de vin. —Enfin, voici encore un combustible qui nous rend grand service quand nous n'avons besoin que de peu de chaleur, et pendant peu de temps ; c'est un liquide connu sous le nom d'*esprit de vin*, qui est transparent comme de l'eau, qui est doué d'une odeur particulière, et qui prend feu avec la plus grande facilité.

Ce liquide s'obtient en chauffant du vin dans un alambic.

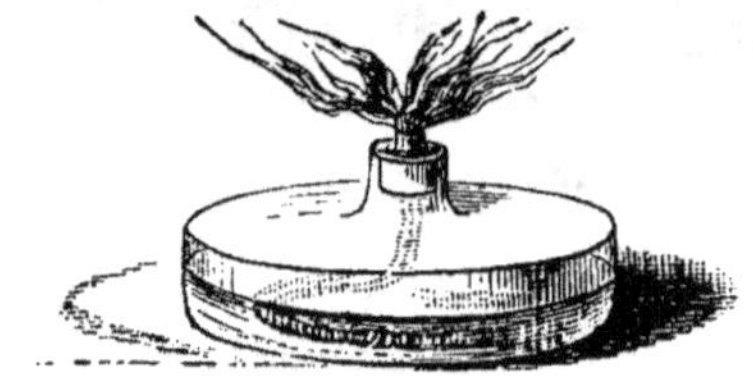

Fig. 21. — Lampe à esprit de vin.

La manière de l'employer est bien simple : on met ce liquide dans un petit flacon en verre comme celui-ci (fig. 21) et on laisse tremper dans ce flacon une grosse mèche de coton dans laquelle monte le liquide. Si nous approchons un allumette de la mèche de cette lampe, l'esprit-de-vin qui est dans la mèche s'enflamme immédiatement ; il nous

---

25. — Qu'est-ce que l'esprit de vin ?
Comment le brûle-t-on ?

suffit alors de placer cette lampe au-dessous de ce que nous voulons chauffer ; quand on n'en a plus besoin, on n'a qu'à fermer le flacon avec un bouchon de verre.

26. Esprit de bois. — On remplace souvent l'esprit de vin par un autre liquide combustible qui coûte moins cher, mais qui a une très mauvaise odeur ; on le nomme *esprit de bois*.

Ce liquide se fabrique en chauffant du bois dans des vases où l'air n'entre pas.

RÉSUMÉ.

19, 20. — **Tourbe**. — La tourbe est un combustible peu lourd, qui brûle avec une très mauvaise odeur et sans chauffer beaucoup. La tourbe se forme dans les marais par l'accumulation des débris des plantes qui poussent dans ces marais.

21, 22. — **Coke**. — Le coke brûle sans produire de fumée et seulement lorsqu'il est en masse assez considérable. Il donne pour le même poids encore plus de chaleur que le charbon de terre.

On le fabrique en faisant chauffer très fortement du charbon de terre renfermé dans des vases où l'air ne peut pas pénétrer.

23, 24. — **Charbon de Paris ; Briquettes.** — Le charbon de Paris se fabrique en comprimant du charbon de bois et du goudron.

Les briquettes sont formées de poussière de charbon de terre et de goudron.

25, 26. — **Esprit de vin ; Esprit de bois.** — L'esprit de vin est un liquide transparent comme de l'eau, qui s'enflamme avec la plus grande facilité.

L'esprit de bois est un liquide combustible qui coûte moins cher que l'esprit de vin, mais qui a une mauvaise odeur.

---

26. Qu'est-ce que l'esprit de bois ?

4° LEÇON.

CORPS QU'ON BRÛLE POUR ÉCLAIRER.
CHANDELLE, BOUGIE, CIRE.

27. Corps qu'on brûle pour éclairer (1). — C'est presque toujours, nous l'avons vu, pour produire de la chaleur qu'on brûle le bois; mais certains bois résineux, comme le sapin ou le pin, produisent en brûlant une flamme assez brillante pour que dans quelques pays on s'en serve pour éclairer. Dans plusieurs contrées des Pyrénées, les paysans taillent de longues baguettes de sapin qu'ils fixent par la base et qu'ils allument par le haut; ils forment ainsi à peu de frais, avec ce combustible, l'appareil d'éclairage le plus simple.

Les *torches*, dont l'usage a presque complètement disparu, ne sont pas autre chose qu'une baguette de bois résineux, entourée de mèches imprégnées de résine et de cire. Elles ont le grand avantage de ne pas s'éteindre sous l'action du vent, même très violent.

Etudions maintenant les différents corps qu'on brûle pour éclairer.

28. Chandelle. — De quoi elle se compose. — L'usage de la chandelle, encore adopté aujourd'hui dans beaucoup de parties de la France, est déjà un progrès en comparaison de l'emploi du bois résineux.

(1) Objets utiles à cette leçon : Baguette de bois résineux, chandelle, mèche de chandelle, bougie, mèche de bougie, rayon de cire, abeille, morceau de cire blanche.

---

27. Qu'est-ce qu'une torche?
28. De quoi se compose la chandelle?

On sait qu'une chandelle se compose d'une mèche de coton entourée de suif. On allume la mèche qui s'imprègne de suif fondu; et le suif, en brûlant, rend la flamme éclairante.

D'où vient ce suif?

Comment est formée cette mèche de coton?

29. Suif. — Le suif, c'est la graisse qu'on retire des animaux, du mouton par exemple; mais on ne peut se servir de la graisse telle qu'elle se trouve dans la viande, car elle est mélangée à d'autres matières qui se charbonnent sans fondre.

Pour extraire cette graisse et former le suif épuré, on la coupe en petits morceaux et on la fait fondre dans une chaudière.

Jetons dans cette chaudière des fragments de graisse; pour les chauffer, plaçons au-dessous un fourneau plein de charbons enflammés; sous l'action de la chaleur du fourneau, la graisse s'échauffe, elle commence à fondre; comme elle a été coupée en petits morceaux, elle se sépare facilement des membranes qui l'entourent et qui vont nager à la surface. Il y a un robinet au bas de la chaudière; on peut l'ouvrir alors et faire écouler le suif épuré, dont on forme des pains. Voilà la première matière dont nous avons besoin.

30. Coton. — Qu'est-ce d'abord que le coton?

Le coton est formé avec les poils qui sont fixés sur les graines d'une plante ressemblant aux mauves, le cotonnier (1).

---

1) Cette plante est cultivée en Amerique, ou elle est l'objet d'un commerce très considérable. On la cultive aussi dans le sud de l Italie et dans quelques parties de l'Algérie.

---

29. Qu'est-ce que le suif?
Comment prépare-t-on le suif épuré?
30. Qu'est-ce que le coton?
Comment fait-on les mèches de chandelle?

Les graines de cet arbre (fig. 22 et 23) portent de très longs poils blancs qui ont pour rôle, comme ceux des graines

Fig. 22. — Fruit de cotonnier s'ouvrant pour laisser les graines s'échapper.

Fig. 23. — Une graine de cotonnier coupée en long.

de saule ou de peuplier, de transporter la semence au loin sous l'action du vent; ces poils blancs, c'est le coton.

Ces poils sont filés, c'est-à-dire tordus ensemble pour former un fil, et c'est avec ces fils, tordus eux-mêmes les uns autour des autres, qu'on fait les mèches des chandelles (fig. 24).

31. Fabrication des chandelles. — Maintenant que nous avons du suif épuré et des mèches de coton, il est très simple de faire des chandelles. Faisons fondre le suif épuré dans un vase comme celui-ci (*ch* fig. 25); d'autre part, attachons par un

Fig. 24. — Mèche de chandelle.

31 Comment fabrique-t-on la chandelle avec les mèches et le suif?

bout un certain nombre de mèches de coton *m*; en les plaçant à côté les unes des autres sur un cerceau *c*, de manière que les mèches pendent de haut en bas. Ce cerceau est attaché à une corde qu'on enroule sur une

Fig. 25. — On fabrique des chandelles en plongeant les mèches de coton *m* dans du suif fondu contenu dans la chaudière *ch*.

poulie P; on place ensuite au-dessous le vase *ch* rempli de suif épuré fondu ; on continue à le chauffer légèrement.

On abaisse, au moyen de la corde, le cerceau qui soutient les mèches, qu'on plonge au milieu du suif fondu ; on soulève ensuite le cadre en tirant sur la corde, et on laisse sécher le suif qui entoure les mèches. Cette opération est répétée plusieurs fois, jusqu'à ce qu'on ait donné aux chandelles l'épaisseur voulue. Elles peuvent alors être détachées du cadre qui les portait. On les roule sur une table unie pour les arrondir, et enfin on les met en paquets.

32. Inconvénients de la chandelle. — La chandelle répand toujours, on le sait, une odeur désagréable ; cette odeur s'accentue quand elle brûle et surtout quand on vient de la souffler (1)

De plus, la mèche ne se consume pas aussi vite que le suif, et devient bientôt très longue, ce qui diminue beaucoup l'éclat de sa lumière ; il faut alors à chaque instant couper cette mèche devenue trop longue ; on se sert pour cela d'une espèce de ciseaux nommés *mouchettes*.

En outre, la mèche, dès qu'elle est un peu longue, se penche sur le côté et le suif fondant inégalement coule sur le bord.

Enfin, la chandelle est toujours molle, tache tous les objets qui la touchent et sa flamme est fumeuse.

Tous les inconvénients dont nous venons de parler font que la chandelle, qui était autrefois employée partout, est maintenant généralement abandonnée. On la remplace par la bougie, dont nous allons nous occuper.

33. Bougie. — Ses avantages. — La bougie n'a presque aucun des nombreux inconvénients de la chandelle.

Elle ne répand aucune odeur en brûlant ; sa flamme

(1) C'est cet inconvénient qui a nécessité l'usage des éteignoirs.

---

32. Quels sont les inconvénients de la chandelle ?
33. Quels sont les avantages de la bougie ?

n'est pas fumeuse ; la mèche se consume à mesure que la bougie fond, de sorte que l'éclat de sa lumière, qui est d'ailleurs plus grand que celui de la chandelle, reste toujours le même ; de plus, cette mèche ne se penche pas sur le côté au point de faire couler la bougie.

Enfin, la bougie est toujours dure et ne tache presque pas les objets qui la touchent.

34. Avec quoi on fait la bougie. — Le suif épuré et le coton sont encore les substances indispensables pour faire des bougies ; mais la matière de la bougie n'est pas du suif, c'est de la *stéarine*, substance blanche qu'on extrait du suif en diverses opérations (1).

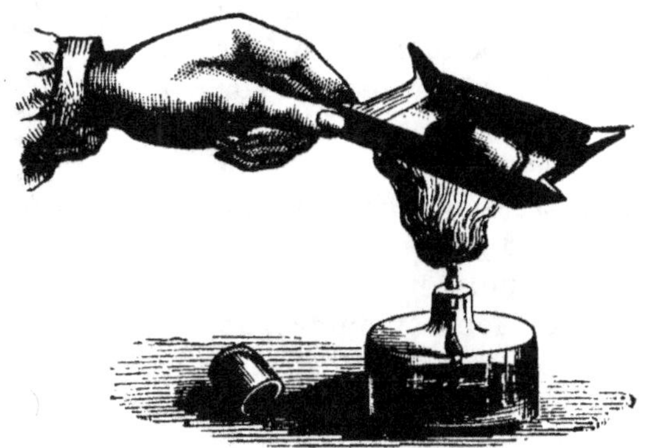

Fig. 26. — On peut fondre la bougie à la flamme, sur du papier, sans que le papier prenne feu.

Nous pouvons aisément nous assurer de la facilité avec laquelle fond la stéarine ; mettons-en un petit fragment sur

(1) On obtient cette substance en chauffant le suif avec de la chaux, ce qui donne une matière savonneuse qui, chauffée ensuite avec de l'acide sulfurique, produit la stéarine.

---

34. Quelles sont les substances nécessaires pour faire les bougies ? Comment peut-on montrer que la stéarine fond très facilement ?

ce morceau de papier et faisons-le chauffer avec précaution ; nous voyons la stéarine fondre sans que le papier s'enflamme (fig. 26). C'est avec cette matière qne nous allons faire des bougies.

35. Mèches. — C'est un détail, en apparence sans importance, qui a rendu pratique l'emploi des bougies.

Voici la mèche d'une bougie (fig. 27) : elle n'est pas composée, comme celle d'une chandelle (voyez fig. 24), de fils simplement tordus, mais bien de trois mèches de coton tressées ; à cause de cette forme, la mèche se recourbe en brûlant et les cendres qu'elle produit ne retombent pas sur elle.

Mais ces cendres, tombant sur le côté de la bougie, la feraient brûler inégalement ; la bougie coulerait sur le bord.

Pour éviter cet inconvénient, on trempe la mèche tressée dans une dissolution d'une poudre blanche qu'on appelle acide borique.

Fig. 27. — Mèche de bougie.

Cette substance, dont on imprègne la mèche, a la propriété de transformer les cendres en une sorte de perle vitreuse, qu'on voit se produire à l'extrémité de la mèche recourbée.

La combustion de la bougie est ainsi régularisée : les cendres ne tombent plus et la bougie ne coule pas.

36. Moulage des bougies. — Pour donner aux bougies la forme sous laquelle on les emploie, on se sert de

---

35. Comment fait-on les mèches de bougies?
Dans quoi les trempe-t-on?
Pourquoi?
36. Comment est fait le moule qui sert à fabriquer une bougie ?
Comment fabrique-ton une bougie avec ce moule?

moules en bois M (fig. 28), qui présentent en creux la forme extérieure de la bougie. Au centre et en bas de chacun de

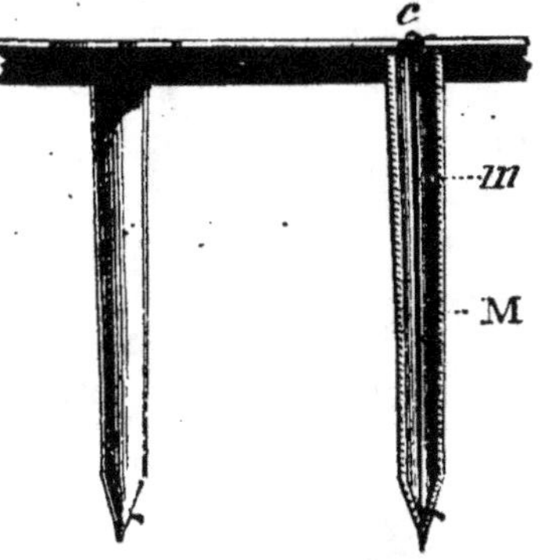

ces moules est attachée une mèche de coton tressée *m*, dont l'un des bouts est fixé en haut (en *c*). Tous ces moules sont disposés au-dessous d'une cuve où l'on fond la stéarine, qui bientôt vient couler dans les moules et les remplit. On ne chauffe plus : les bougies deviennent solides en se refroidissant ; on les retire des moules en bois.

Fig. 28 — Moules pour faire les bougies ; celui de droite e t coupé en long. M, moule ; *m*, mèche.

Elles n'ont pas alors leur couleur blanche, elles sont jaunâtres ; pour les blanchir il suffit de les laisser exposées à l'air.

37. Cire. — Faisons chauffer légèrement un morceau de cire, il fond facilement ; si nous en laissons tomber un peu sur le feu, nous voyons cette cire s'enflammer immédiatement, en donnant une vive lumière : c'est cette propriété qui a fait employer ce combustible pour l'éclairage.

Au lieu de répandre, comme la chandelle, une mauvaise odeur en brûlant, ou d'être, comme la bougie, presque inodore, la cire exhale une odeur agréable.

38. D'où provient la cire. — Tout le monde sait

---

37. Quel est le combustible, employé pour éclairer, qui fond facilement comme la bougie et qui donne en brûlant une odeur agréable?
38. D'où provient la cire?
Les abeilles la fabriquent-elles avec le pollen qu'elles récoltent sur les fleurs ?
Où sont les glandes qui produisent la cire?

que ce sont les abeilles (fig. 29) qui la fabriquent pour construire les cellules de leurs rayons ; mais il est utile d'être
prémuni contre une erreur qui est en-
core très répandue.

On sait que le *pollen* est cette
poussière, souvent jaune, qui se
trouve dans les étamines des fleurs.
Les abeilles la récoltent et elles en
forment deux pelotes sur leurs pattes

Fig. 29. — Abeille.

de derrière, qui sont creusées en cuiller *c* comme pour
la recevoir (fig. 30). Sans doute à cause de la couleur

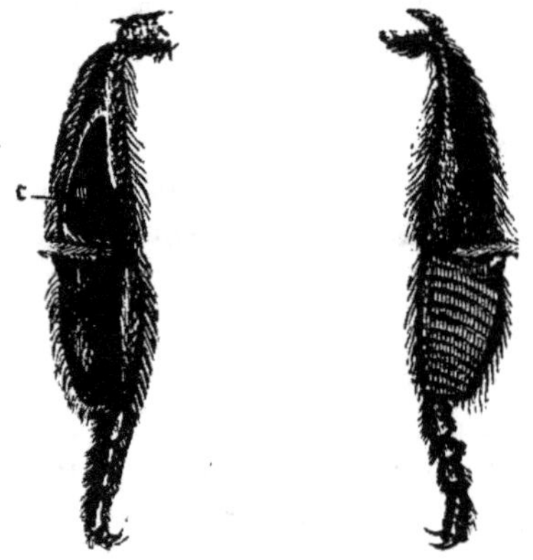

Fig. 30. — Patte de derrière d'une abeille ouvrière, vue du côté intérieur
et du côté extérieur.

souvent jaune de cette matière, que les abeilles rapportent
dans leur ruche, on a cru qu'elle leur servait à faire la
cire. On trouve encore dans beaucoup de livres élémentaires
que la cire est faite par les abeilles avec le pollen qu'elles
récoltent sur les fleurs.

Il n'en n'est rien : la cire est sécrétée par des glandes
particulières qui se trouvent entre les anneaux du corps
de l'abeille, à droite et à gauche, d'où elle sort sous forme
de petites plaques (fig. 31). Ces lamelles sont prises ensuite

entre les pattes des abeilles, portées vers la bouche et pé-
tries, pour servir à construire les alvéoles (1).

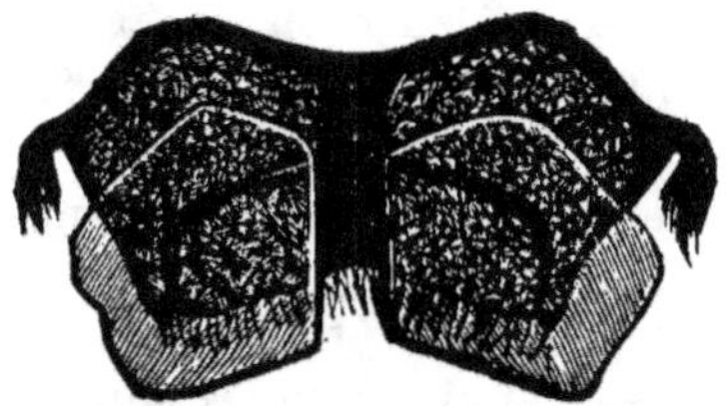

Fig. 31. — Glande cirière d'abeille, avec les minces plaques de cire
qu'elle produit.

39. **Comment on obtient la cire.** — Pour séparer la
cire du miel on retire des ruches les rayons de cire (fig. 32),

Fig. 32. — Rayon de cire.

c'est-à-dire ces plaques jaunes ou brunes creusées de petites loges régulières sur les deux faces ; on les presse
très fortement de manière à en faire sortir la plus grande
partie du miel qu'ils contenaient, puis on les jette dans de
l'eau bouillante ; cette eau dissout le miel qui était resté, et
la cire vient flotter à la surface, où on la recueille.

40. Cire pure. — La cire ainsi obtenue est jaune ; elle

(1) Ainsi, le pollen n'entre pour rien dans la formation de la cire ; les
abeilles s'en servent pour composer avec du miel et de l'eau la bouillie
avec laquelle elles nourrissent les larves.
  On a prouvé par de nombreuses expériences que les abeilles pouvaient
construire des rayons de cire lorsqu'on ne leur donnait pas de pollen,
lorsqu'on les nourrissait exclusivement avec du miel ou du sucre.

---

39. Comment sépare-t-on la cire du miel?
40. Comment se prépare la cire pure?

n'est pas pure; c'est celle qu'on emploie pour cirer les parquets. Pour la rendre blanche, il faut encore la faire fondre et bien agiter, puis laisser déposer les débris qui s'y trouvaient encore mêlés ; on la fait ensuite couler dans des moules, où, en se solidifiant, elle forme des pains ; enfin, en l'exposant à la lumière, on fait acquérir à la cire la couleur blanche que nous lui connaissons.

41. Usages de la cire pour éclairer; fabrication des cierges. — La cire a longtemps servi à éclairer avant l'invention des bougies; mais malgré ses précieuses qualités, son emploi pour l'éclairage diminue tous les jours, elle coûte trop cher; on ne s'en sert plus guère aujourd'hui que pour faire des cierges d'église, des allumettes-bougies et ces sortes de bougies minces, longues et repliées sur elles-mêmes appelées : rat-de-cave.

La fabrication des cierges en cire est d'une extrême simplicité. On suspend des mèches à un cerceau ou à un cadre soutenu par des ficelles; on fait refondre les pains de cire et on verse peu à peu la cire fondue avec une cuiller au sommet de chacune des mèches. Lorsqu'on juge qu'on a mis assez de cire autour des mèches, on les coupe au sommet et on donne à chaque bougie de cire une forme régulière en la roulant à la main sur une table bien polie avec une planche également plate.

On peut se demander pourquoi on ne coule pas la cire comme la bougie dans des moules de bois? C'est parce qu'elle est très difficile à retirer du moule.

RÉSUMÉ.

27 à 32. — **Chandelle.** — Les *Chandelles* consistent en une mèche de coton tordu, entourée de suif épuré. Elles constituent

---

41. Pourquoi n'emploie-t-on pas ordinairement la cire au lieu de bougie?
Dans quels cas l'emploie-t-on pour éclairer?
Comment se fabriquent les cierges?

un mauvais éclairage à cause de leur odeur désagréable et aussi parce qu'il faut couper la mèche de temps en temps. On s'en sert de moins en moins.

Le coton est formé avec les poils d'une graine ; le suif est extrait de la graisse des animaux.

33 à 37. — Bougie. — Les *bougies* n'ont pas les inconvénients de la chandelle. Elles sont faites avec une matière blanche appelée *stéarine ;*

Les mèches des bougies sont en coton tressé ; elles sont trempées dans une dissolution d'une poudre blanche appelée acide borique, ce qui empêche les cendres de la mèche de faire couler la bougie lorsqu'elle brûle. On moule de la stéarine autour de cette mèche et l'on blanchit la bougie ainsi obtenue en l'exposant à l'air.

37 à 41. — Cire. — La *cire* est une substance jaune produite par des glandes situées sous le corps des abeilles, la cire sert aux abeilles pour construire leurs rayons.

Pour préparer la cire on écrase ces rayons ; on les fait fondre, et on expose à l'air la cire qui en provient.

Au point de vue de l'éclairage, la cire sert à fabriquer les allumettes-bougies et les cierges.

5e LEÇON.

HUILE A BRÛLER, PÉTROLE.

42. Huile à brûler (1). — Tout le monde connaît l'huile à brûler ; on sait que son odeur est assez désagréable, et on a certainement remarqué que ce liquide est moins mobile que l'eau, qu'il est un peu pâteux.

On sait aussi que si on laisse tomber une goutte d'huile sur une feuille de papier, on y produit immédiatement une tache.

43. Combustion de l'huile. — Versons de l'huile de colza dans une soucoupe, approchons une allumette enflammée, nous ne mettons pas le feu à l'huile ; l'huile, en effet, ne brûle pas directement ; plongeons maintenant dans cette même huile une mèche de coton, puis retirons-la et approchons-la d'une allumette enflammée : nous voyons alors cette mèche prendre feu ; l'huile qui l'imbibe se consume en répandant une vive lumière.

L'huile ne peut donc brûler lorsqu'elle est en masse ; il faut qu'elle soit divisée, qu'elle imprègne, par exemple, une mèche de coton.

44. Lampe à huile. — On brûle l'huile dans les lampes.

(1) Objets utiles à cette leçon : huile à brûler, graines de colza, pétrole, schiste bitumineux.

---

42. Quelles sont les propriétés de l'huile à brûler ?
43. Peut-on enflammer avec une allumette de l'huile placée dans une soucoupe
Comment faut-il s'y prendre pour la faire brûler ?
44. Comment est faite la lampe à huile la plus simple ?

La lampe la plus simple, et qui pendant longtemps a été la seule connue, consiste en un vase présentant un bec saillant d'où sort une mèche qui est en partie plongée dans l'huile dont le vase est rempli. La partie de la mèche qui est dans le bec est tout imbibée d'huile, qui s'y divise assez pour s'enflammer quand on en approche une allumette. On emploie encore quelquefois des lampes analogues. (Voy. fig. 33.)

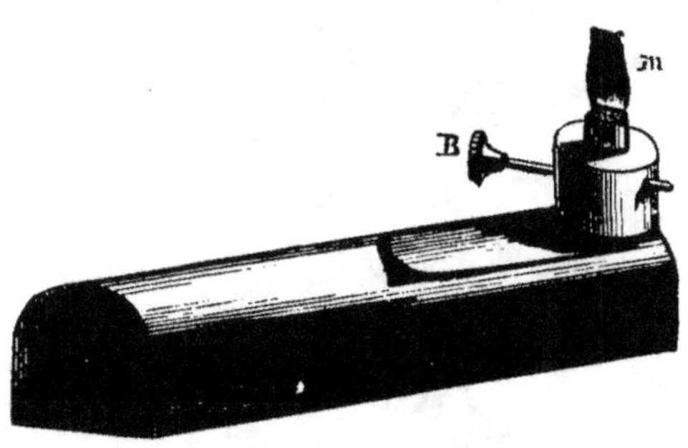

Fig. 33. — Lampe très simple. — *m*, mèche ; B, bouton qui sert à la faire monter ou descendre.

45. D'où provient l'huile. — L'huile dont nous venons de parler se retire des graines d'une plante à fleurs jaunes qui ressemblent à celles du chou. Cette plante est le colza (fig. 34).

Après la floraison il se produit un fruit allongé, qu'on voit au bas de la figure 13, contenant des petites graines noires et rondes (fig. 35); c'est uniquement pour ses graines que le colza est cultivé.

Nous pouvons facilement nous assurer qu'il y a de l'huile

---

45. De quelle partie du colza extrait-on l'huile à brûler ?
Comment peut-on montrer que les graines de colza contiennent de l'huile ?

dans ces graines. Prenons-en quelques-unes et écrasons-
les sur une feuille de papier : nous voyons apparaître une

Fig. 34. — Colza en fleurs et en fruits.

tache tout à fait pareille à celle que nous avons formée
tout à l'heure avec une goutte d'huile (1).

(1) L'huile peut être retirée d'autres plantes que le colza (pavot, olivier,
navette, etc.), mais c'est du colza que provient la plus grande partie de
l'huile à brûler que l'on trouve dans le commerce.

46. Culture du colza. — On sème les graines de colza vers le milieu de l'été; on repique les jeunes pieds en pépinière vers le mois de juillet et on les remet en place, en plein champ, en septembre; le colza fleurit en mai, au printemps suivant. On récolte la graine en juillet; pour cela on arrache chaque pied un à un. On doit faire cette opération avec une certaine précaution, sans quoi les graines tomberaient immédiatement sur le sol et seraient perdues.

Fig. 35. — Graine de colza (vue à la loupe).

47. Comment on obtient l'huile de colza. — Les tiges ainsi arrachées sont battues sur des toiles; on fait sécher ces fruits, on en fait tomber les graines, qu'on écrase pour en faire sortir l'huile. Mais l'huile que l'on obtient alors n'est pas pure et ne pourrait pas être employée comme combustible éclairant; les débris de graines qui s'y trouvent mêlés donneraient trop de charbon et rendraient la combustion inégale.

Il faut épurer cette huile, et pour cela on lui fait subir une opération analogue à celle que nous avons décrite pour l'épuration du suif.

Dans une chaudière doublée en plomb, on recueille cette huile impure; on y verse de l'eau et de l'acide sulfurique, et on voit le liquide de la chaudière se diviser en deux parties bien distinctes : une couche inférieure renferme tous les débris avec l'eau et l'acide sulfurique et une couche supérieure ne renferme que l'huile épurée, telle que celle que nous venons d'étudier.

48. Pétrole. — Différence entre le pétrole et l'huile de colza. — L'essence de pétrole diffère de l'huile

---

de colza en ce qu'elle peut brûler directement. Si une lampe à huile de colza se renverse, l'huile se répand sans s'enflammer ; si le même accident arrive à une lampe à pétrole, le pétrole peut prendre feu.

Cette inflammation si facile nécessite une certaine prudence dans le maniement du pétrole.

Il est, par exemple, imprudent de verser du pétrole dans une lampe lorsqu'on se trouve auprès d'une lumière ou près du feu.

49. Lampe à pétrole. — Dans une lampe à pétrole (fig. 36), une mèche plonge dans le réservoir R. Au-dessous de la partie de la mèche qui est hors du pétrole se trouve une galerie métallique G percée de trous. Ce qui arrive autour de la mèche imprégnée d'huile, c'est donc un mélange d'air et de vapeur de pétrole.

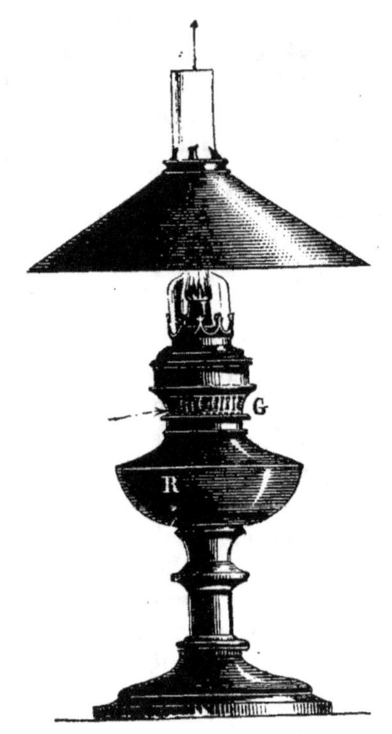

Fig. 36. — Lampe à pétrole. — R., réservoir ; G, galerie. Les flèches indiquent par où le courant d'air entre et sort.

L'air rentre en G, brûle la vapeur de pétrole, et sort par le verre.

50. Extraction du pétrole. — Il y a en France, dans

---

49. Décrivez la lampe à pétrole.
50. D'où provient le pétrole?

l'Hérault, des sources naturelles de pétrole; mais on en trouve surtout en Amérique.

On retire aussi très souvent le pétrole de certains schistes : à Autun, par exemple.

Un schiste est une pierre qui se sépare par lamelles. Tel est ce morceau de schiste d'Autun (fig. 37).

Fig. 37. — Morceau de schiste d'Autun.

Ces schistes renferment des matières bitumineuses. Sous l'action de la chaleur plusieurs de ces matières passent à l'état de vapeur; si l'on refroidit ces vapeurs on obtient le pétrole ou huile de schiste.

RÉSUMÉ.

42 à 47. — Huile de colza. — En écrasant les graines du colza on obtient une huile qui, purifiée par l'acide sulfurique, forme l'huile à brûler ordinaire. On brûle *l'huile de colza* en y plongeant une mèche de coton. C'est ainsi qu'on brûle l'huile dans les lampes.

48 à 50. — Pétrole. — Le *pétrole* ou *huile de schiste* peut s'enflammer directement avec la plus grande facilité; aussi son emploi nécessite-t-il les plus grandes précautions. Il existe des sources de pétrole en Amérique. On obtient aussi le pétrole en faisant chauffer certains schistes bitumineux, tels que les schistes d'Autun.

<h1 style="text-align:center">6ᵉ LEÇON.</h1>

<h2 style="text-align:center">GAZ D'ÉCLAIRAGE.</h2>

51. Gaz d'éclairage (1). — On se sert pour éclairer, dans les villes, d'un combustible qui diffère de ceux que nous avons étudiés.

C'est le *gaz*.

Le *bec de gaz* d'un *réverbère* se compose d'un tube percé à son extrémité. Au-dessous de l'ouverture se trouve un robinet au moyen duquel on peut ouvrir ou fermer ce tube (fig. 38).

Ouvrons ce robinet, nous sentirons une odeur désagréable, odeur spéciale au gaz ; nous entendrons un sifflement produit par la sortie du gaz à l'ouverture du tube, mais nous ne verrons rien ; le gaz qui s'échappe du tube est absolument invisible.

Fig. 38. — Réverbère.

(1) Objets utiles à cette leçon : Un morceau de houille et, s'il y a du gaz dans la salle : un tube de caoutchouc, une terrine et une éprouvette.

---

51. Comment est fait un bec de gaz ?
Le gaz est-il visible ?
Si on ouvre le robinet, comment s'aperçoit-on que le gaz en sort ?

52. Inflammation du gaz. — Approchons une allumette enflammée, nous voyons immédiatement une flamme très éclairante : le gaz brûle; c'est un combustible.

Nous pouvons remplir de ce gaz une éprouvette (1) renversée sur l'eau et remplie d'eau, au moyen d'un tube en caoutchouc qui arrive au-dessous (fig. 39). Retirons cette éprouvette en évitant de la retourner; car, à cause de sa légèreté, le gaz s'échapperait immédiatement; approchons une allumette et nous voyons le gaz s'enflammer (fig. 40).

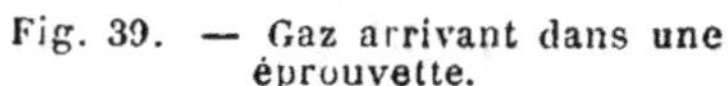

Fig. 39. — Gaz arrivant dans une éprouvette.

Fig. 40. — On allume avec une allumette le gaz contenu dans l'éprouvette.

Si nous n'avions qu'à moitié rempli de gaz cette éprouvette, et que nous ayons laissé pénétrer l'air, le gaz se serait encore enflammé par une allumette, mais avec un grand bruit, et le tube de verre pourrait casser.

(1) On appelle *éprouvette* un tube de verre fermé par l'un de ses bouts. (Voyez fig. 39 et 40.)

---

52. Comment peut-on recueillir le gaz d'éclairage avec une éprouvette? Comment le fait-on brûler?

53. Explosion de gaz. — Le gaz mêlé à l'air s'enflamme, en effet, avec beaucoup plus de force que lorsqu'il est pur ; c'est ce qu'on appelle un *mélange détonant*.

Cette inflammation d'un mélange d'air et de gaz d'éclairage a lieu souvent quand il y a, dans les appareils d'éclairage, ce qu'on appelle des *fuites de gaz*, c'est-à-dire lorsque les tuyaux qui renferment le gaz sont fendus ou désoudés ; il se produit alors une *explosion de gaz* qui peut être cause de graves accidents.

54. Invention du gaz d'éclairage. — Le gaz a été découvert à la fin du siècle dernier par un ingénieur français, Philippe Lebon. Il l'a d'abord obtenu en chauffant très fortement du bois en dehors du contact de l'air ; plus tard il l'a tiré de la houille ou charbon de terre. C'est de ce dernier combustible qu'on se sert toujours maintenant pour fabriquer le gaz d'éclairage.

55. Comment on obtient le gaz d'éclairage. — Pour extraire de la houille le gaz d'éclairage, on remplit de houille une cornue en terre ou en fonte (*c*. fig. 42) que l'on chauffe fortement ; mais il ne faut pas chauffer cette houille au contact de l'air ; il ne faut pas qu'il y ait combustion. Nous avons déjà fait cette observation à propos du coke Il est donc nécessaire de fermer hermétiquement la cornue, pour que l'air ne puisse y pénétrer. Pour cela, après l'avoir remplie de charbon de terre, on applique à l'entrée par laquelle on a fait pénétrer la houille une plaque de fonte qu'on fait adhérer fortement avec une sorte de mastic, et l'on presse cette plaque contre les parois de l'ouverture, au moyen d'une vis.

---

53. Quel danger y a-t-il à approcher une bougie ou une allumette du gaz d'éclairage mêlé à l'air ?
Comment peuvent se produire les explosions de gaz ?
54. Qui a inventé le gaz d'éclairage ?
55. Comment chauffe-t-on la houille pour fabriquer le gaz d'éclairage ?
Quelle est la matière solide qui reste dans les cornues ?

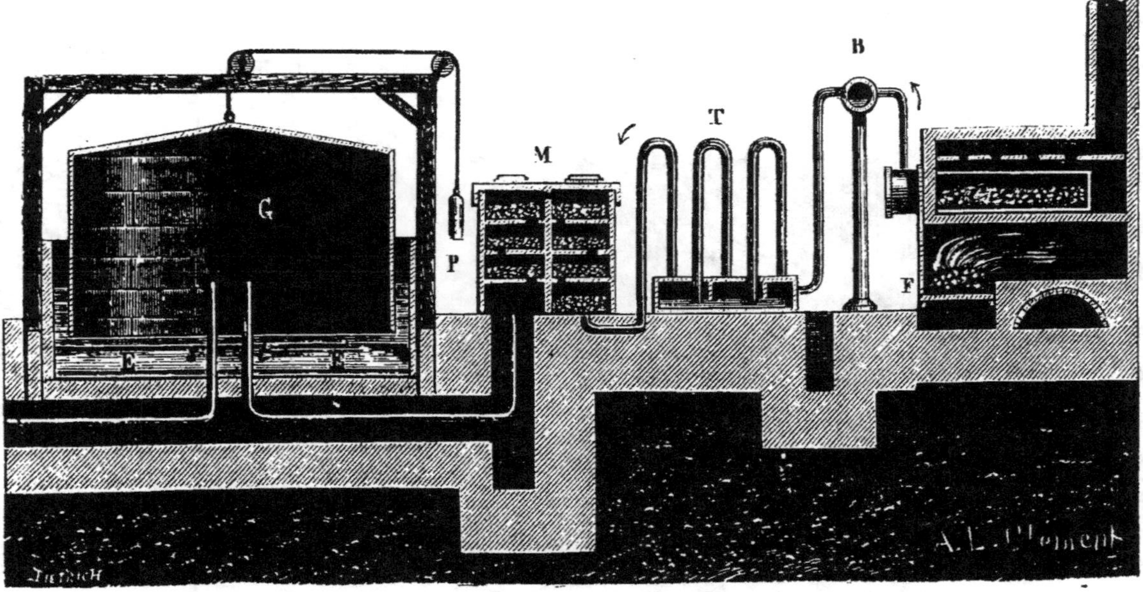

Fig. 41. — Fabrication du gaz d'éclairage. — C, cornue où est placée la houille. — F, foyer qui chauffe cette cornue. — B, T, tubes avec de l'eau à la base, où les goudrons se déposent. — M. boîtes à chaux pour l'épuration du gaz. — T, tube qui conduit le gaz à travers l'eau E dans le réservoir G. — S, tube par où le gaz sort pour être distribué.

La cornue (*c.* fig. 42) est munie d'un tube par où sortent, sous l'effet de la chaleur, les gaz et les vapeurs dégagées par le charbon de terre.

Fig. 42. — Fabrication du gaz d'éclairage. — C, cornue où est placée la houille. — F, foyer qui chauffe cette cornue. — B T, tubes avec de l'eau à la base où les goudrons se déposent.

On chauffe en général cette cornue avec du charbon de terre qui est placé au-dessous dans un courant d'air, comme dans une cheminée ordinaire (F. fig. 42). (1)

Que se passe-t-il donc dans cette fabrication ? On chauffe de la houille, une partie de ce qui forme la houille se dégage par le tube qui va vers B (fig. 42) pour former des liquides ou des gaz. L'autre partie est solide et reste dans les cornues : c'est le coke.

(1) Remarquons bien qu'il y a du charbon à l'intérieur, chauffé dans la cornue *c* par le charbon extérieur F, et qu'il n'y a aucun rapport entre ces deux masses de houille. Le charbon extérieur brûle : il est dans un courant d'air, il laissera comme résidu, des cendres. Celui de l'intérieur ne brûle pas et n'est pas en contact avec l'air ; il se décompose et se gonfle sous l'action de la chaleur, ne laisse pas de cendres comme résidu, mais laisse du coke.

Les liquides qui sont ainsi produits ne sont pas employés comme combustibles ; nous reviendrons plus loin sur leurs usages.

Quant aux gaz, ils forment le combustible qu'on emploie.

56. Épuration du gaz.—Le gaz, recueilli directement à sa sortie de la cornue, donne, en brûlant, une fumée si abondante et exhale une odeur si détestable qu'il serait presque impossible de s'en servir. C'est pour cela que la découverte de Philippe Lebon n'a pas été appréciée tout d'abord. Il faut, en effet, épurer le gaz, c'est-à-dire lui enlever toutes les substances qui le font fumer et qui lui donnent une mauvaise odeur. C'est en Angleterre qu'on est d'abord arrivé à ce résultat.

On ne peut employer le gaz d'éclairage qu'après l'avoir purifié en le faisant passer à travers de l'eau, contenu au fond des tubes B et T (fig. 41 et 42) et à travers des boîtes contenant de la chaux (M. fig. 41).

Au sortir de cet appareil il n'a plus la mauvaise odeur qu'il avait auparavant, et il ne donne plus de fumée en brûlant. Il est d'ailleurs, toujours très éclairant.

57. Comment on recueille le gaz. — Pour en avoir une provision à distribuer il faut maintenant le recueillir.

On le recueille simplement sur de l'eau (E fig. 43) au moyen d'un grand réservoir (G).

Ce réservoir est une énorme cloche en métal qui plonge dans l'eau ; le gaz y arrive par en bas.

Il faut que lorsque le gaz arrive, la cloche monte ; on établit un système de contre-poids P au moyen d'une chaîne

---

56. Quels sont les inconvénients du gaz au moment où il sort des cornues ?
Comment lui enlève-t-on les impuretés qu'il contient ?
Après cette épuration, le gaz donne-t-il encore de la fumée ?
A-t-il encore une très mauvaise odeur ?
57. Comment recueille-t-on le gaz d'éclairage ?
Comment le distribue-t-on ?

de métal qui s'allonge d'un côté d'une poulie pendant qu'elle se raccourcit de l'autre. Ce système permet à la cloche de monter sans changer la pression qu'elle exerce sur le gaz qu'elle contient.

Fig. 43. — Fabrication du gaz d'éclairage. — T, tube qui conduit le gaz à travers l'eau E dans le réservoir G.—S, tube par lequel le gaz quitte la cloche pour être distribué dans la ville.

Pour distribuer dans les différentes parties d'une ville le gaz renfermé dans la cloche, on a adapté à l'intérieur de cette cloche un tube qui est ouvert au milieu du gaz ; ce tube est muni d'un robinet à l'extérieur, et, si ce robinet est ouvert, une légère pression de la cloche sur le gaz qu'elle contient chasse le gaz dans le tube ; ce tube est divisé en branches qui doivent conduire le gaz aux différents points où l'on en a besoin et où l'on peut le brûler pour éclairer (fig. 44).

Fig. 4). — Bec de gaz

RÉSUMÉ.

51 à 57. — Gaz d'éclairage — On se sert également pour éclairer, dans les villes, d'un autre combustible: c'est le *gaz d'éclairage*. On obtient ce gaz en faisant chauffer fortement du charbon de terre dans des cornues où l'air n'entre pas. Il ne peut être employé pour l'éclairage qu'après avoir été épuré en traversant de l'eau et de la chaux. On le recueille alors dans un grand réservoir formé par une énorme cloche en métal qui plonge dans l'eau. De là on peut le distribuer dans les différentes parties d'une ville.

7e LEÇON.

FER, FONTE, ACIER.

58. Le Fer (1). — Le fer est le métal dont on se sert le plus habituellement.

Étudions un morceau de fer provenant d'une de ces barres que l'on voit chez tous les forgerons.

Essayons de l'entamer avec un canif, nous pouvons tout au plus y faire une petite raie : le fer est donc très dur ; il est plus dur que le cuivre, car si nous cherchons à rayer du fer avec un morceau de cuivre, nous n'y arrivons pas ; au contraire, en appuyant fortement le fer contre le cuivre, nous voyons que le cuivre est entamé ; frottons avec du sable le fer et le cuivre, nous voyons que le cuivre se raye beaucoup plus ; il s'userait donc beaucoup plus vite ; il en serait de même avec du plomb ou avec du zinc.

Prenons maintenant cette lame de tôle, c'est aussi du fer ; essayons de la déformer ; nous y arrivons, mais avec beaucoup de peine ; si nous tordons de même cette lame de cuivre qui a la même épaisseur, elle se déforme bien plus ; c'est qu'en effet le fer est très résistant.

---

(1) Objets utiles pour cette leçon : morceau de fer rouillé, morceau de fonte, morceau d'acier non trempé, morceau d'acier trempé, morceau de ressort de pendule, fer-blanc, fil de télégraphe, morceau de fer peint au minium.

---

58. — Le fer est-il plus dur que le cuivre ?
Comment le prouve-t-on ?
Peut-on déformer une lame de fer aussi facilement qu'une lame de cuivre ?

59. Utilité du fer. — C'est cette propriété de ne pas se laisser facilement déformer et d'être très dur qui fait employer le fer dans une foule de circonstances, par exemple : pour faire des *essieux* de voiture ou de wagon qui peuvent supporter des poids très lourds, des *charrues* et des *bêches* qui s'usent très peu en creusant la terre, des *clous* qui peuvent recevoir de violents coups de marteau sans se déformer ; les marteaux eux-mêmes sont en fer ; si on les faisait en un autre métal, en cuivre ou en zinc par exemple, ils s'useraient beaucoup plus vite.

On comprend l'avantage de l'emploi du fer dans les constructions ; les maisons neuves de presque toutes les grandes villes ont des poutres de fer. On construit aussi beaucoup de ponts avec ce métal. Enfin c'est en fer que l'on fait le plus habituellement les chaudières, les serrures, les clefs, les fers des chevaux et en général les objets qui par leur usage sont exposés à recevoir des chocs ou à supporter des pressions.

Prenons maintenant ce fil de fer, attachons un de ses bouts à un clou bien solide, et essayons de briser ce fil en le tirant de toutes nos forces, nous n'y arriverons pas ; il faudrait pour le briser suspendre à ce fil des poids énormes.

Un fil de fer se brise très difficilement ; des fils de même épaisseur que l'on ferait avec de l'étain ou du plomb ne résisteraient pas autant, ils se briseraient bien plus facilement ; aussi quand on veut soutenir des objets très lourds comme des *ponts suspendus*, par exemple, c'est de fils de fer que l'on se sert ; les *chaînes* qui doivent avoir une grande résistance sont toujours en fer. Les fils des télégraphes sont aussi en fer ; si on les faisait en cuivre il faudrait les faire beaucoup plus épais pour qu'ils soient aussi résistants, ou bien il faudrait un plus grand nombre de poteaux.

---

59. — Citez quelques objets en fer.
Montrez l'avantage qu'on a à fabriquer ces objets en fer.
En quoi sont les fils qui soutiennent les ponts suspendus ?
Pourquoi sont-ils en ce métal ?
Comment se forment les étincelles qui jaillissent des pieds des chevaux ?

Quand les chevaux frappent violemment le sol avec leurs pieds, nous voyons des étincelles jaillir de leurs fers : ces étincelles se produisent parce que le fer se brise sous l'effet du choc ; de petits éclats sont projetés de côté et d'autre et leur température est assez élevée pour qu'ils s'enflamment.

On utilise cette propriété du fer pour fabriquer les briquets dont se servent les fumeurs.

60. Fer forgé. — Mais comment avec ce fer si dur et si résistant peut-on fabriquer des objets de forme si variées? C'est que le fer lorsqu'il est fortement chauffé, devient pâteux, et qu'il peut alors être battu et façonné au marteau (voyez fig. 45) ; on dit alors qu'il est *forgé* ; c'est ainsi qu'on fait souvent des ouvrages très délicats, et d'une grande valeur tels que des grilles, des balustrades de balcon (fig. 51), etc., etc.

Les étincelles que l'on voit jaillir quand on bat le fer (fig. 1) sont formées par de petits morceaux de fer qui sont lancés dans l'air et qui s'y enflamment.

61. Fonte. — Considérons maintenant un morceau de fonte ; comparons-le au fer ; nous verrons qu'il s'en distingue par plusieurs caractères. Nous aurions pu frapper le fer à grands coups de marteau, nous ne l'aurions jamais cassé ; au contraire, si nous frappons avec un marteau ce morceau de fonte, nous le casserons certainement. La fonte qui est presque aussi dure que le fer n'a donc pas la même résistance au choc ; elle est fragile, elle ne peut pas se forger comme le fer : aussi ne se sert-on jamais de fonte pour fabriquer des objets qui par leurs usages sont sujets à recevoir des chocs.

On n'en fait pas non plus des fils comme on en fait avec le fer.

---

60. — Comment peut-on travailler le fer, quoiqu'il soit dur ?
Qu'est-ce que c'est que du fer forgé ?
61. — Peut-on travailler la fonte au marteau ?
Pourquoi cette différence avec la manière de travailler le fer ?

62. Usage de la fonte. — Mais la fonte a l'avantage de fondre bien plus facilement que le fer ; au lieu de rester pâteuse comme le fer, elle devient rapidement tout à fait liquide ; on peut donc faire couler la fonte liquide dans des moules. C'est ainsi qu'on fabrique des poêles, des marmites, des statuettes, ou des objets plus grossiers, tels que des colonnes, des fontaines, des grilles et même des canons (1).

Fig. 45. — Ouvriers forgeant du fer.

Les statuettes de fonte ainsi obtenues sont très bien moulées ; cela tient à ce que la fonte en devenant solide s'applique très exactement contre les parois du moule.

(1) La fonte, en se solidifiant, augmente de volume comme l'eau qui se transforme en glace. (Voyez plus loin 23ᵉ leçon.)

---

62. — La fonte très fortement chauffée devient-elle pâteuse comme le fer ?
Citez des objets en fonte.
Comment les fait-on ?

63. Acier. — Prenons une clef, elle n'est ni en fer pur ni en fonte ; elle est en *acier ;* essayons de la rayer avec un canif ; elle se raye beaucoup moins facilement que le fer et que la fonte : si nous mettions cette clef dans de la fonte en fusion, cette clef ne fondrait pas : l'acier fond moins facilement que la fonte.

On sait que l'on casse quelquefois les clefs dans les serrures ; si la clef avait été en fer pur elle se serait tordue au lieu de se casser, quand on l'a forcée : l'acier est plus dur que le fer pur. Une clef en fonte, au contraire, se casserait encore beaucoup plus facilement qu'une clef en acier.

L'acier fond donc moins facilement que la fonte et est plus résistant ; il est plus dur que le fer et s'use moins vite.

64. Usages de l'acier. — La grande dureté de l'acier et sa résistance à l'usure par le frottement l'a fait adopter

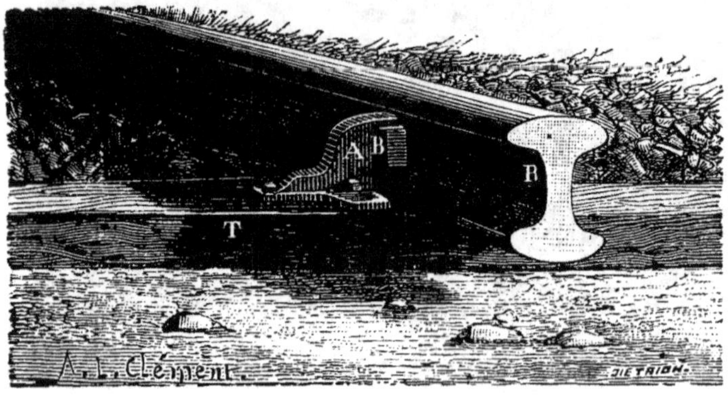

Fig. 46. — Rail d'acier R fixé en A, B à une traverse en bois T. — Un rail d'acier dure 20 fois plus qu'un rail de fer.

pour faire les rails de chemin de fer (fig. 46). Un rail d'acier dure, en effet, vingt fois plus qu'un rail de fer.

---

63. — L'acier est-il plus dur que le fer et que la fonte ?
  Comment le prouve-t-on ?
64. — Citez des objets en acier.
  Quel avantage a-t-on à faire ces objets en acier ?
  Quel inconvénient présentent souvent les objets faits en acier

Les roues des wagons et leurs essieux sont aussi faits en acier ; mais comme nous avons vu que l'acier est plus cassant que le fer, ils peuvent parfois être fendus pendant le trajet. C'est pour reconnaître si aucune fente ne s'est produite que de temps en temps, aux arrêts des trains, on vient frapper sur les roues ou sur leurs essieux avec un marteau ; au son produit par le choc du marteau on reconnaît si l'essieu ou la roue ne sont pas cassés.

La dureté de l'acier l'a fait employer aussi à faire des fusils et des canons. Ces derniers sont plus légers que ceux de fonte, parce qu'ils n'ont pas besoin d'être aussi épais pour avoir la même résistance.

On se sert aussi de cercles d'acier pour consolider les canons de fonte.

65. Trempe ; acier trempé. — Chauffons fortement une clef et plongeons-la vivement dans de l'eau froide, elle n'est plus la même : elle a pris une couleur bleuâtre, elle est devenue beaucoup plus dure, car on ne peut plus la rayer avec un canif ; en même temps elle se casse très facilement. On dit qu'elle est en *acier trempé ;* l'opération qui consiste à refroidir brusquement l'acier fortement chauffé s'appelle la *trempe.*

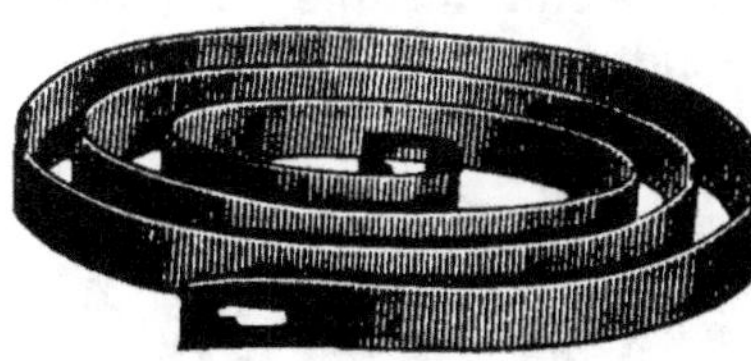

Fig. 47. — Ressort de pendule. L'acier trempé est très élastique.

Ce ressort de pendule (fig. 47) est aussi en acier trempé ; il est très élastique : l'élasticité est aussi une propriété de l'acier trempé.

66. Usages de l'acier trempé. — Si on essaye de

couper une étoffe ou du papier avec une paire de ciseaux en acier non trempé, on voit qu'ils coupent très mal, parce que les lames ne sont pas assez dures ; aussi les lames de ciseaux sont-elles toujours en acier trempé ; on ne trempe que les lames, pour que les ciseaux ne se cassent pas trop facilement. On fait aussi en acier trempé les parties des instruments en fer qui doivent être très dures : pic (fig. 48), scies, limes (fig. 49), faux, couteaux, canifs

Fig. 48. — A, A, est en acier trempé ; F, F, est en fer.

rasoirs, épées, fleurets. On fait aussi les aiguilles en acier trempé (on sait comme elles se cassent facilement) ; enfin, comme nous l'avons vu, on utilise l'acier trempé pour faire des ressorts de montre et de pendule (fig. 47).

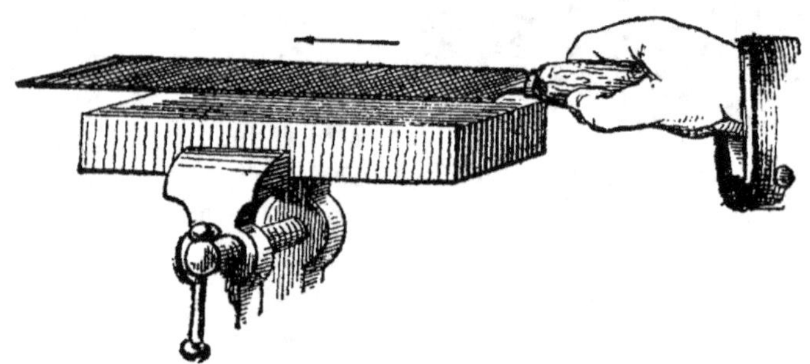

Fig. 49. — Lime en acier trempé.

67. Le fer se rouille. — Regardons ce vieux morceau de fer (fig. 50), il est couvert d'une substance rougeâtre ; il

---

67. — Que se produit-il sur du fer qu'on laisse à l'air ?

est tout déformé, il est creusé en certains points ; ce morceau de fer est *rouillé* ; la substance qui le recouvre, c'est la *rouille*.

Fig. 50. — Morceau de fer exposé depuis longtemps à l'air. — R, I, épaisse couche de rouille.

Toutes les fois qu'on laisse du fer exposé à l'air, surtout à l'air humide, il est ainsi rouillé ; cette rouille augmente de plus en plus et détruit le fer sur lequel elle se forme. Au bout d'un certain temps les plus grosses barres de fer seraient ainsi complètement transformées en rouille et tomberaient en poussière.

68. Comment on empêche le fer de se rouiller. — Puisque c'est sous l'action de l'air que le fer se rouille, si nous pouvons empêcher le fer d'être exposé à l'air, nous aurons empêché la rouille de se former.

L'un des moyens les plus simples d'obtenir ce résultat c'est de recouvrir le fer d'une couche de peinture ; c'est ce que l'on fait pour les grilles, les balcons (fig. 51), les lits, les roues de voitures.

Un autre moyen d'empêcher le fer de se rouiller consiste à le recouvrir d'une couche très mince d'un autre métal tel que le zinc (1), l'étain ou le plomb ; ces métaux se ternissent quand ils sont exposés à l'air : l'air les altère donc ; mais cette altération ne se fait qu'à la surface, et ces mé-

(1) On appelle *fer galvanisé* le fer recouvert de zinc.

---

taux ne se creusent pas du tout comme nous le voyons
pour le fer. Si donc nous trouvons le moyen de recouvrir

Fig. 51. — Le fer du balcon ne se rouille pas si on le recouvre d'une couche
de peinture (M).

le fer d'une couche, même très peu épaisse de ces métaux,
le fer sera complètement protégé contre l'action destruc-
tive de l'air.

69. **Fer-blanc.** — Le fer recouvert d'étain s'appelle
fer-blanc ou *fer étamé ;* on fait du fer-blanc en répandant
de l'étain fondu sur du fer parfaitement propre. On étame
les casserolles, les cuillers et les fourchettes, les boîtes
au lait (fig. 52), les boîtes de fer très légères et cependant très solides renfermant des conserves, du thé, etc.

---

69. — Qu'est-ce que du fer-blanc ?
Citez quelques objets en fer-blanc.

70. Fer recouvert de zinc. — Pour recouvrir de zinc une lame de fer, on la plonge quelques instants, après l'avoir bien nettoyée, dans du zinc fondu.

Fig. 52. — Boîte au lait en fer-blanc ou fer étamé.

Le zinc protège le fer plus complètement que l'étain ; si, par exemple sous l'effet d'un choc, le zinc est enlevé en un point, le fer ne se rouille presque pas en ce point ; tandis que si le même accident se produit avec du fer étamé, la rouille se formera très vite.

Malgré cet avantage le fer recouvert de zinc ne peut pas être employé pour les ustensiles de cuisine ; quelques aliments deviendraient en effet très vénéneux s'ils touchaient du zinc ; mais il est avantageusement employé pour une foule d'objets industriels, particulièrement pour les fils de télégraphe (fig. 53).

71. Fer plombé. — Pour recouvrir de plomb un objet

<hr>

70. — Qu'est-ce que c'est que du fer galvanisé ?
S'en sert-on pour les ustensiles de cuisine ? Pourquoi ?
71. — Qu'est-ce que du fer plombé ?
Citez son usage le plus important.

en fer on opère à peu près comme pour le recouvrir d'étain. On se sert surtout de fer plombé pour les toitures.

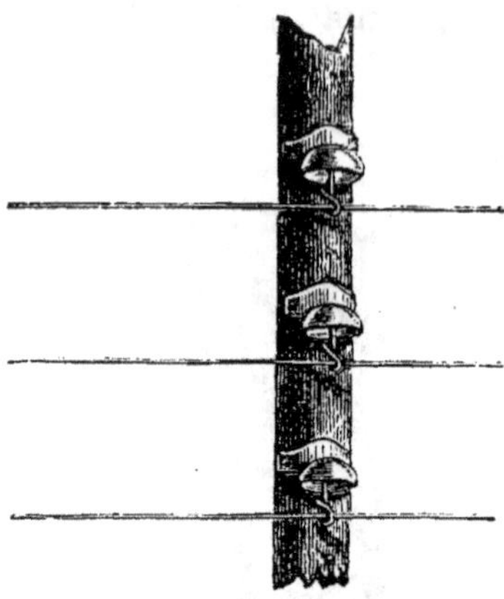

Fig. 53. — Les fils de télégraphe ne se rouillent pas parce qu'ils sont couverts d'une couche de zinc.

RÉSUMÉ.

58 à 60. — Fer. — Le fer est très dur ; il se raye difficilement et par conséquent s'use très peu par le frottement ; aussi, est-ce en fer que l'on fait tous les objets dont l'emploi nécessite de nombreux frottements : charrues, essieux, etc.

Il faut exercer une très grande force pour déformer le fer ; de là l'emploi de ce métal pour les poutres, colonnes, ponts, etc.

Les fils de fer sont plus résistants que des fils de même épaisseur de n'importe quel métal, aussi les ponts suspendus, les fils de télégraphe sont-ils en fer.

Le fer, quand il est très fortement chauffé, devient pâteux et peut être *forgé*.

61, 62. — Fonte. — La fonte est très dure, mais elle est très fragile ; un objet en fonte peut se casser en tombant, ce qui n'arrive jamais avec du fer.

La fonte fond plus facilement que le fer ; on peut la couler dans des moules pour fabriquer des poêles, des grilles, etc.

63 à 66. — Acier. — L'acier est plus dur que le fer et que la fonte : il vaut donc mieux se servir d'acier que de fer pour les objets qui doivent subir des frottements; mais l'acier est plus fragile que le fer, et beaucoup d'objets qui doivent subir des chocs violents, ne doivent pas être en acier.

On rend l'acier encore plus dur en l'échauffant beaucoup et en le refroidissant brusquement; c'est ce qu'on appelle *tremper* l'acier; la trempe rend aussi l'acier très élastique : les scies, les épées, les canifs, les ressorts de pendule, sont en acier trempé.

67 à 71. — Le fer se rouille. — Le fer exposé à l'air humide se *rouille*.

Pour empêcher le fer de se rouiller, on passe à sa surface une couche de peinture, ou bien on le recouvre d'une couche d'un métal que l'air n'altère pas ; le fer ainsi recouvert d'étain est du *fer-blanc* ou fer étamé; recouvert de zinc, on l'appelle du fer **galvanisé**, et recouvert de plomb, c'est du fer plombé.

8ᵉ LEÇON.

EXTRACTION DU FER.

72. D'où provient le fer ; minerais de fer (1). —
Nulle part dans la nature on ne trouve de fer pur ; ce métal
est renfermé dans certaines pierres, où il est uni à d'autres
substances ; il faut donc retirer le fer de ces pierres qui
sont appelées du *minerai de fer*.

Le minerai se trouve dans le sol en amas de formes très
différentes. Quelquefois ces amas sont placés tout près de
la surface du sol, on peut alors extraire le minerai comme
on exploite ordinairement les pierres, dans des carrières,
ainsi qu'on le fait dans la Nièvre ou le Calvados. Mais
cette disposition est très rare ; le plus souvent les minerais se trouvent à de grandes profondeurs, et on est obligé
pour les exploiter de creuser des chemins souterrains
(*galeries*) (fig. 54) ; c'est ce qu'on appelle une *mine*.

Il faut, on le voit, que le minerai exploité ait une valeur
assez considérable pour compenser les frais nécessités
par le creusement des galeries. On doit souvent enlever les
eaux qui tendent à envahir ces galeries, employer des
machines pour en renouveler l'air, et exécuter bien
d'autres travaux très dispendieux.

73. Comment on trie le minerai. — Considérons

(1) Objets utiles pour cette leçon : minerai de fer, scorie, morceau de fonte.

---

72. — D'où retire-t-on le fer ?
Qu'est-ce qu'une mine ?
Qu'est-ce qu'une galerie de mine ?
73. — Que fait-on de tout ce qu'on retire d'une galerie ?
Combien de tas doit-on former par le triage ?
Que renferme chacun de ces tas ?

du minerai de fer tiré directement de la mine, et tel que les mineurs viennent de l'arracher de la terre ; il est souvent amené à la surface du sol dans de petits wagons qui peuvent circuler dans les galeries (fig. 54).

Fig 54. — Entrée d'une mine. Un ouvrier fait sortir d'une galerie un petit wagon chargé de minerai.

Mais il n'y a pas que du minerai pur dans le wagon ; il s'y trouve aussi des morceaux de pierre qui entouraient le minerai dans le sol (1), on doit donc d'abord former trois tas avec ce minerai :

(1) On appelle *gangue* les pierres qui entourent un minerai.

1° Des morceaux de minerai assez purs pour être immédiatement envoyés à l'usine où on retirera le fer.

2° Des pierres ne renfermant pas de minerai et qui ne sont d'aucune utilité.

3° Des morceaux de minerai mêlés aux débris du sol qui l'entourait.

Il est nécessaire d'opérer un nouveau triage dans ce troisième tas.

74. Comment on broie et on lave le minerai. —

On casse alors ce minerai impur en très petits morceaux; pour cela on jette les blocs extraits de la mine entre deux cylindres C, C' munis de cannelures (fig. 55). Ces cylin-

Fig. 55. — Broyage du minerai. Le minerai M est jeté entre les deux cylindres C, C'; il y est écrasé, et tombe réduit en tout petits morceaux (*m*).

74. — Que fait-on du minerai trié ?
Décrivez le broyage du minerai.
Que fait-on du minerai quand il a été broyé ?
Décrivez comment on lave le minerai.

dres tournent l'un vers l'autre comme l'indiquent les flèches, et à une faible distance l'un de l'autre ; ils sont disposés de telle sorte qu'une cannelure de l'un coïncide avec
un sillon de l'autre ; les blocs M s'entrechoquent, sont pris
par cette sorte d'engrenage ; ils se cassent et sortent de
là réduits en petits morceaux *m*.

On fait passer ces petits morceaux entre deux cylindres
unis qui peuvent se rapprocher plus ou moins l'un de
l'autre et qui tournent aussi l'un vers l'autre. Le minerai
impur peut ainsi être réduit en très petits morceaux.

Ces petits morceaux (fig. 56) formant un tas M', sont

Fig. 56. — Le minerai M' réduit en petits morceaux est jeté en M où il est
pilé par le pilon P. Le minerai réduit à l'état de boue est entraîné en E.
Entre M et E est une grille qui empêche de passer le minerai qui n'est pas
assez écrasé. D, D, D, D, dents qui font lever le pilon P, quand l'axe
qui les porte tourne dans le sens indiqué par les flèches de la courroie C.

jetés dans un violent courant d'eau au fond d'une rigole inclinée; en travers de ce courant est une grille serrée (entre M et E) qui ne peut laisser passer que de très petites parcelles devant le grillage; en P, est un gros pilon qui a un mouvement continuel de haut en bas et de bas en haut.

Pour donner ce mouvement au pilon P, on fait tourner (1) une roue portant quatre dents D très fortes et également espacées sur la roue : chaque fois qu'en montant, une des dents D rencontre la pièce de bois B qui dépasse la tige du pilon, cette dent, entraînée par le mouvement de la roue, soulève le pilon ; puis la dent continue son mouvement, abandonne la pièce B, et le pilon n'étant plus soutenu retombe lourdement sur le minerai et l'écrase (2).

Le minerai impur tombe en M, sous le pilon; quand il est absolument pulvérisé, il passe à travers la grille en formant une espèce de boue qui est entraînée par l'eau dans une rigole R (fig. 57) et de là dans une auge A; le minerai,

Fig. 57. — Le minerai entraîné par ce courant tombe de R en A où on le recueille. T, trappe qui permet de régler le courant.

(1) La roue qui porte les dents est mise en mouvement au moyen d'une autre roue, disposée comme celles de tous les moulins à eau; elle porte des palettes sur lesquelles tombe une chute d'eau.
(2) On donne à cette opération le nom de *bocardage*.

qui est toujours plus lourd se dépose vers le haut de l'auge A, et les impuretés, moins lourdes, sont emportées par l'eau et se déposent plus loin.

On doit combiner la rapidité du courant et la longueur des auges de telle manière que tout le minerai se dépose dans ces auges.

On recueille alors ce minerai en poudre et on le mêle au minerai pur dont on a précédemment fait le triage.

75. Comment on retire le fer de son minerai. —Pour retirer le fer de son minerai, il faut chauffer fortement ce minerai avec du charbon; le minerai est alors décomposé, et le fer se sépare des corps auxquels il était uni.

On peut obtenir du fer de deux manières : on peut employer les *forges à la catalane* ou les *hauts-fourneaux*.

76. Forge à la catalane. — On n'a pendant long-temps connu que la méthode dite catalane, qui n'est plus maintenant adoptée que dans les pays où le minerai est très bon et où il y a de belles forêts, comme dans quelques parties des Pyrénées ou dans la Corse.

Dans une masse de maçonnerie (fig. 58) est une cavité que l'on remplit de charbon enflammé. Vers le haut de cette cavité est le tuyau T d'un soufflet S, qui peut lancer sur le charbon des quantités énormes d'air. On souffle d'abord assez légèrement pour rendre tout le charbon bien brûlant ; on dispose sur ce charbon une couche de minerai cassé en petits morceaux; on recouvre ce minerai de charbon, puis on place au-dessus une nou-velle couche de minerai ; et ainsi de suite, jusqu'à ce qu'on

---

75. — Quelles sont les deux manières de retirer le fer de son minerai?
76. — En quoi consiste une forge à la catalane?
Comment dispose-t-on le minerai et le charbon ?
Qu'est-ce qui décompose le minerai de manière à en séparer le fer ?
Quel aspect a le fer ainsi obtenu?
Que fait-on du fer que l'on retire de la forge?
Qu'est-ce qui forme les scories ?

ait formé un tas assez élevé C. — A mesure qu'on ajoute du minerai et du charbon on souffle davantage ; le charbon brûle vivement ; les gaz qu'il produit en brûlant passent sur

le minerai et le décomposent, le fer s'en sépare et présente alors un aspect pâteux ; il tombe lentement au fond de la cavité où il forme alors une masse M ; on retire cette masse M quand elle est suffisamment grosse, et on la porte sous un marteau très lourd ; le poids du marteau en fait jaillir des substances qui ont fondu plus facilement que le fer et qui le rendraient impur.

Ces substances portent le nom de *scories*.

Fig. 58. — Forge à la catalane. — S, soufflet — T, tuyau. — C, charbon et minerai. — M, masse de fer pâteuse.

77. Haut-fourneau. — La méthode catalane a l'inconvénient de laisser perdre beaucoup de fer qui se mêle aux scories ; en outre, il y a beaucoup de chaleur perdue.

Dans la seconde méthode, on emploie une quantité de minerai beaucoup plus considérable que dans une forge à la catalane, aussi le four est-il très grand ; il a ordinairement une quinzaine de mètres de hauteur. On l'appelle pour cela *haut-fourneau*. Comme la température doit y être très élevée, il doit être construit avec des matériaux qui ne puis-

---

77. — Quels sont les avantages des hauts-fourneaux sur les forges à la catalane ?

5

sent être ni fondus ni fendillés sous l'action du feu. On le fait en briques réfractaires.

Le fourneau (fig. 59) est très large au-dessus de sa base;

Fig. 59. — Haut-fourneau. — V, wagon portant du minerai ou du charbon. — C, couches de charbon. M, couches de minerai. — O, partie du fourneau où la fonte se produit et coule. F, partie où vient se recueillir la fonte fondue.

la partie supérieure est plus étroite pour faciliter le tirage, et la partie tout à fait inférieure E, O, est très rétrécie afin de pouvoir facilement soutenir le minerai et le charbon qu'on va placer dans le fourneau.

78. Comment on chauffe le haut-fourneau. — Une grande ouverture située en haut, sur le côté, permet de verser dans le fourneau le contenu des wagons V, qui peuvent y arriver au moyen d'un petit chemin de fer.

Quand on veut faire fonctionner un haut-fourneau, on commence par le remplir en partie de coke ou quelquefois de charbon de bois. Il y a dans le four une si grande quantité de charbon que l'air lancé par un seul tuyau ne suffirait pas pour tout faire brûler ; il y a trois tuyaux, un au fond T et deux sur les côtés.

Quand tout le charbon est bien enflammé, on jette dans le fourneau le contenu de plusieurs wagonnets de minerai, puis on recouvre ce minerai avec de nouveau charbon, et ainsi de suite, jusqu'à ce que le fourneau soit plein ; en brûlant, le charbon s'affaisse ; on recommence alors à jeter du combustible et du minerai.

79. Comment se produit la fonte. — Le charbon en brûlant produit des gaz qui, comme nous l'avons vu, décomposent le minerai et en séparent le fer. Ce fer fond et il coule vers la base du fourneau ; mais ce n'est pas du fer pur : sous l'influence de l'excessive chaleur, le fer s'unit à une petite partie de charbon et se transforme en fonte: c'est de la fonte qui coule en O et qui vient remplir la cavité F.

Les scories, plus légères que la fonte, viennent flotter

---

78. — Comment dispose-t-on le minerai et le charbon dans un haut-fourneau ?

79. — Pourquoi est-ce de la fonte, et non du fer, qui se produit dans les hauts-fourneaux ?

Faites la description d'un haut-fourneau.

Décrivez toutes les opérations qui se produisent dans un haut-fourneau jusqu'à la coulée de la fonte.

au-dessus et s'écoulent sur un plan incliné qui est à gauche de la paroi D. Quand la cavité F est remplie de fonte, on ne laisse pas cette fonte s'écouler sur le plan incliné : on débouche, au moyen d'une longue pique de fer, une petite ouverture A qui se trouve tout au bas de la paroi, à gauche de la cavité inférieure. Cette ouverture était fermée avec un tampon d'argile. La fonte s'écoule alors rapidement dans des rigoles disposées pour la recevoir ; elle se refroidit et se solidifie

---

RÉSUMÉ.

72 à 79. — Extraction du fer. — Le fer se retire de certaines pierres qu'on appelle *minerai* de fer; les amas de minerai forment les *mines* qu'on exploite presque toujours au moyen de chemins souterrains nommées *galeries*.

Quand le minerai est trié, broyé et lavé, on en extrait le fer, en faisant chauffer fortement le minerai avec du charbon ; les impuretés forment les *scories*. Autrefois on employait toujours les forges à *la catalane ;* maintenant on n'emploie plus guère que les *hauts-fourneaux.*

Dans les forges à la catalane on obtient du fer ; ce fer présente l'aspect d'une masse pâteuse ; les hauts-fourneaux donnent de la fonte.

9e LEÇON.

TRAVAIL DU FER.

80. Travail de la fonte (1). — Si l'on veut avec de la fonte faire des objets de grande dimension, des piliers, des bornes, des colonnes, etc., on emploie la fonte à sa sortie du haut-fourneau, en la dirigeant dans des moules qui sont placés tout à côté du point d'où elle sort.

Si les objets qu'on veut faire sont plus délicats, on laisse la fonte se refroidir, puis on la refond plus tard dans de petits fourneaux ; on retire la fonte de ces fourneaux avec des vases munis de becs (fig. 60) que l'on porte au moyen d'une espèce de fourche ; on verse cette fonte dans les moules de ces objets.

Fig. 60. — Vase avec lequel on porte la fonte dans les moules.

81. Comment on transforme la fonte en fer. — Nous avons vu que pour changer la fonte en fer il fallait en retirer le charbon qu'elle contenait.

Pour cela on fait fondre la fonte et on fait passer sur

(1) Objets utiles pour cette leçon : morceau de fonte, morceau de tôle, fil de fer.

---

80. — Que fait-on de la fonte quand elle est sortie du haut-fourneau ?
81. — Comment transforme-t-on la fonte en fer ?
A quoi reconnaît-on que la fonte est transformée en fer ?

cette fonte fondue un courant d'air ; l'air brûle le charbon ; il se forme des gaz qui sont emportés par le courant d'air et le fer seul reste.

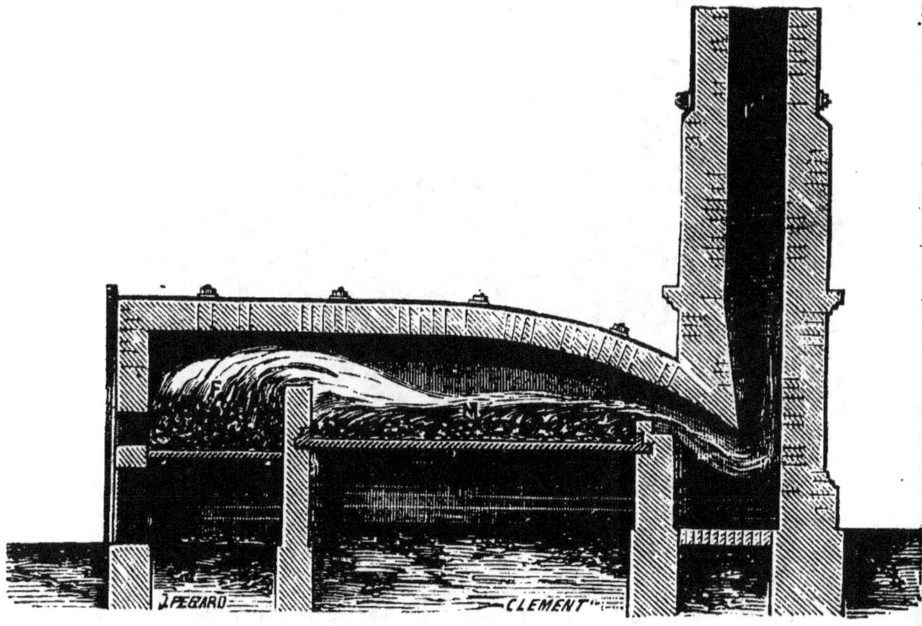

Fig. 61. — Coupe d'un four où l'on transforme la fonte en fer. — F, foyer. — M, fonte. — C, cheminée. — Le courant d'air allant de F en C passe sur la fonte et la transforme en fer.

La figure 61 représente la coupe du four dont on se sert pour cette opération. En F est le foyer, en M est la fonte sur laquelle passe l'air chaud qui est entraîné par le tirage de la cheminée C.

La figure 62 montre l'ensemble du four ; les ouvriers viennent d'introduire de la fonte par une ouverture latérale correspondant au point M de la figure 61. Cette ouverture est fermée par une trappe que les ouvriers relèvent de temps en temps pour agiter la fonte avec une tige de fer ; de manière que l'air passe ainsi sur toute la masse de la fonte.

Les scories provenant des impuretés de la fonte peuvent s'écouler du côté de la cheminée C (fig. 61) ; quand le fer est formé la masse métallique M devient pâteuse (le fer, nous le savons, fond moins facilement que la fonte). L'ou-

Fig. 62. — Foyer où l'on transforme la fonte en fer. — Un des ouvriers lève une trappe, qui fermait une ouverture ; l'autre ouvrier retire par cette ouverture, le fer qui est formé dans le four, pour le mettre dans le petit chariot qui est en avant.

vrier passe alors une grosse tige de fer par la trappe ouverte (voy. fig. 62), une certaine quantité de fer s'y attache et l'ouvrier peut l'en retirer.

82. Marteau-pilon. — On porte alors le fer sous un marteau qui en fait sortir les scories. Il est avantageux de se servir d'un marteau très lourd ; on emploie souvent à cet usage un marteau-pilon (fig. 63). Une masse M, d'un

---

82. — Décrivez un marteau-pilon.
Quel est l'avantage du marteau-pilon sur les autres marteaux employés pour battre le fer ?

Fig. 63. — Marteau-pilon. — **M**, masse de fer très pesante. — **T**, tige portant cette masse. — **E**, montants entre lesquels glisse le marteau. — **V**, conduit de la vapeur qui fait élever le marteau. — **O**, ouvrier réglant la marche du marteau.

poids énorme, est fixée à l'extrémité d'une tige T, qui peut s'élever entre deux montants E, sous l'action de la vapeur arrivant par le tube V. Un ouvrier O, peut, au moyen de plusieurs tringles de fer, laisser échapper la vapeur qui a fait monter la tige T ; la masse M tombe alors de tout son poids et frappe le fer qui est au-dessous avec une extrême violence.

Mais il est quelquefois avantageux de frapper le fer très légèrement ; on peut aussi arriver à ce résultat avec le marteau-pilon ; on peut si exactement régler la manière dont il tombe, qu'il est possible de casser une noisette ou de boucher exactement une bouteille de verre avec un bouchon de liège au moyen de cette énorme masse de fer M.

83. Comment on fait les barres de fer et la tôle. — Quand le fer suffisamment frappé par le marteau-pilon en est retiré, il est en masse, souvent très considérable, et, par conséquent, très peu maniable ; ce n'est pas sous cette forme que nous le voyons chez les forgerons, c'est toujours sous la forme de barres, ce qui permet de le transporter et de le travailler plus facilement.

Pour transformer en barres ou en lames le fer qui vient d'être frappé, on le porte entre deux cylindres en fonte très dure C (fig. 64) qui tournent en sens inverse l'un de l'autre ; on voit à droite de la figure l'engrenage qui donne à ces cylindres leur mouvement parfaitement régulier ; c'est une chute d'eau ou une machine à vapeur qui fait mouvoir l'engrenage. Les cylindres saisissent en tournant la masse de fer, l'entraînent et la forcent, pour lui faire suivre leur mouvement, à s'aplatir et à s'allonger, c'est-à-dire à prendre la forme d'une barre. Quand la barre est tout entière passée entre les cylindres C, on la fait passer entre les cylindres C' qui sont plus rapprochés l'un de l'autre que les cylin-

---

83. — Comment fait-on pour donner au fer la forme de barres ou de lames ? Décrivez l'appareil employé pour cet usage.
Commen fait-on la tôle ?

dres C ; la barre devient donc plus mince et plus longue.

Fig. 64. — Laminoir. — L, Lame qui a déjà passé entre les cylindres C, et qui passe entre les cylindres C′ plus rapprochés.

Au moyen de vis de pression V (fig. 65) on peut rappro-

Fig. 65. — Laminoir vu de côté. — V, vis de pression pouvant rapprocher plus ou moins les cylindres C, C′. — L′, L, Lame passant entre les cylindres.

cher plus ou moins ces cylindres. On peut former ainsi des barres de plus en plus minces en faisant passer une même barre entre les cylindres de plus en plus rapprochés.

C'est ainsi qu'on arrive à former ces lames de fer très minces employées dans l'industrie sous le nom de *tôle*.

84. Comment on fait les fils de fer. — Pour fabriquer des fils de fer on prend une masse de fer assez chaude pour pouvoir être facilement déformée et on lui donne une forme allongée que l'on termine en pointe. On introduit cette pointe dans un trou percé dans une lame d'acier (fig. 66) tenue par un étau E. On saisit la pointe

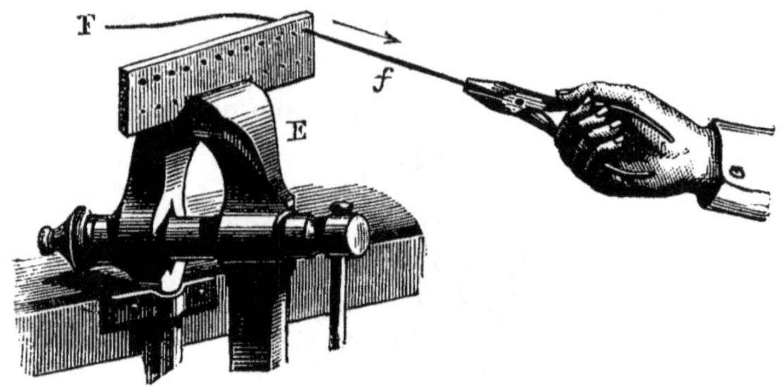

Fig. 66. — Filière. — F, fil de fer ayant passé dans des trous de plus en plus petits; le fil ressort en *f* sous l'action de la main qui le tire.

au moyen d'une pince et l'on tire fortement; le fer se déforme alors pour passer dans le trou et en sort à l'état de fil. Quand tout le fer a ainsi passé par ce premier trou, on le fait passer successivement dans des trous de plus en plus petits et on obtient des fils de plus en plus fins.

---

84. — Comment fait-on pour fabriquer des fils de fer?
Comment fait-on pour obtenir des fils de grosseurs différentes?

85. Comment on fait l'acier. — Si l'on fait fortement chauffer des barres de fer, en les entourant de charbon de bois en poussière, de sel et de cendre, ces barres de fer sont transformées en acier.

On obtient un acier de très bonne qualité en fondant dans des vases V (fig. 67), des morceaux d'acier ainsi fabriqué, que l'on recouvre de poussière de charbon.

Fig. 67. — Four pour fondre l'acier. — V, vases renfermant l'acier recouvert de poussière de charbon. — F, foyer.

RÉSUMÉ.

80, 81. — Travail de la fonte. — La fonte est du fer qui s'est uni à du charbon sous l'influence de la très haute température du haut-fourneau.

On peut employer la fonte quand elle sort du haut-four-

---

85. — Comment fait-on l'acier ?
Comment fabrique-t-on l'acier fondu ?

neau, pour en faire des moulages ; mais on peut aussi transformer la fonte en fer : pour cela on fait brûler le charbon que contient la fonte au moyen d'un violent courant d'air, qu'on fait passer sur la fonte portée à une haute température ; à mesure que le fer se forme, la masse devient pâteuse.

82 à 84. — Travail du fer. — On frappe alors fortement le fer pour en extraire les scories et pour le rendre compact ; on se sert souvent pour cela d'une masse énorme de fer appelée *marteau-pilon*, mise en mouvement par une machine à vapeur.

Pour mettre le fer en barres, ou pour en faire de la tôle, on le fait passer au *laminoir*, c'est-à-dire entre deux cylindres de fer, tournant en sens inverse. Pour fabriquer des fils de fer, on fait passer le fer à la *filière*, c'est-à-dire dans une série de trous de plus en plus petits, pratiqués dans une lame d'acier.

85. — Fabrication de l'acier. — On transforme le fer en acier en faisant chauffer dans une caisse de terre, des barres de fer entourées d'un mélange de charbon, de sel et de cendre ; en fondant l'acier ainsi formé, on fabrique un acier de très bonne qualité.

LE ZINC.

86. A quoi sert le zinc (1). — Les arrosoirs (fig. 68), les seaux, les baignoires sont très souvent en un métal gris bleuâtre beaucoup plus mou et plus flexible que le fer ; ce métal que tout le monde a vu, c'est du *zinc*.

Pourquoi, le zinc coûtant plus cher que le fer, fait-on ces objets en zinc et non en fer?

C'est que le fer se rouille très vite sous l'action de l'eau, et que bientôt ces objets divers seraient percés et mis hors d'état de servir.

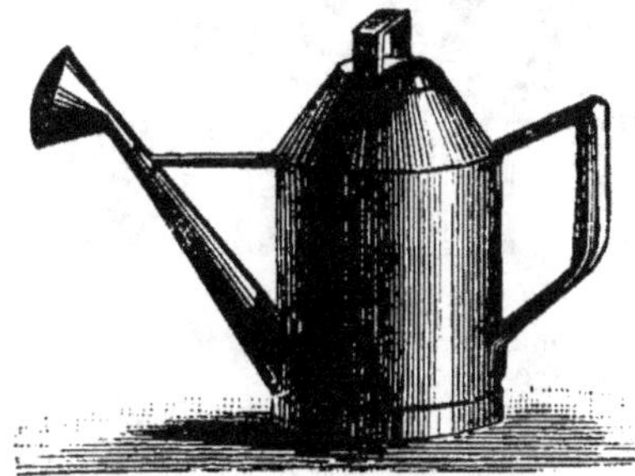

Fig. 68. — Arrosoir en zinc.

Le zinc ne s'abime pas ainsi ; quand il est parfaitement propre, et quand il n'est pas resté à l'air humide, il est presque blanc et est bien brillant ; mais ces objets en zinc dont nous venons de parler ne sont généralement pas brillants ; c'est que, exposé à l'air, le zinc se ternit et se recouvre d'une couche grisâtre ; cette couche, très mince,

(1) Objets utiles pour cette leçon : lame de zinc, ustensiles en zinc, blanc de zinc ; creuset et pince en fer, fil de zinc, fil de fer galvanisé.

---

86. — Citez des objets faits en zinc?
Le zinc coûte-t-il plus cher que le fer ?
Pourquoi fait-t-on les objets en zinc et non pas en fer?
Quels sont les avantages du zinc?
Le zinc se rouille-t-il ?
A quoi l'emploie-t-on dans les constructions?

n'augmente pas d'épaisseur, mais elle suffit pour protéger le zinc qui est en-dessous contre l'action nuisible de l'air ; le fer, au contraire, dans les mêmes conditions, serait bientôt, nous l'avons vu, absolument rongé par la rouille.

Le zinc se met en lame encore plus facilement que le fer ; il y a donc avantage à employer ce métal à la place du fer pour fabriquer les seaux, les arrosoirs (fig. 68), etc.; il en est de même pour les gouttières de nos toits (fig. 69)

Fig. 69. — Toiture en zinc T recouvrant la maison B M ; à droite en bas du toit on voit une gouttière en zinc.

et les tuyaux qui conduisent l'eau de ces gouttières jusqu'au sol. On se sert souvent aussi de lames de zinc pour couvrir le toit des maisons (T, fig. 69), et, comme ces lames n'ont pas besoin d'être bien épaisses, la toiture ainsi faite est très légère ; elle pèse à peu près quatre fois moins que si elle était faite avec des ardoises.

87. Le zinc fond et brûle. — Ces toitures en zinc ont

---

87. — Le zinc fond-il difficilement ?
Le zinc peut-il brûler à l'air? Comment le montre-t-on facilement ?
Que forme le zinc en brûlant ? A quoi emploie-t-on le blanc de zinc ?

quelquefois présenté des inconvénients en cas d'incendie ; le zinc, en effet, fond facilement, et la chute du métal fondu a occasionné des accidents. De plus, le zinc fondu peut lui-même s'enflammer en lançant de tous côtés de nombreuses étincelles.

On peut constater ce fait par l'expérience suivante (fig. 70) : mettons dans un creuset en terre *c* des morceaux de zinc, et faisons chauffer ce creuset dans un fourneau ; au bout de bien peu de temps nous verrons fondre le zinc ; mettons un couvercle *c* sur ce creuset et faisons-le chauffer beaucoup plus. Quand le zinc sera extrêmement chaud, prenons ce creuset

Fig. 70. — On fait fondre du zinc dans un creuset *c* sur un fourneau ; *c'*, creuset vide, sans couvercle.

avec des pinces, retirons le couvercle et, en montant sur une chaise, renversons peu à peu le creuset : le zinc fondu se mettra à couler et tombera par terre, nous verrons une grande flamme blanche très brillante entourer le jet de zinc, c'est le zinc qui brûle en tombant dans l'air (fig. 71).

Tout autour de cette brillante combustion on voit tomber lentement une substance blanche sous la forme de légers flocons ; c'est ce que forme le zinc en brûlant ; ce corps est employé dans la peinture sous le nom de *blanc de zinc*.

C'est en brûlant du zinc réduit en poussière qu'on obtient les brillantes étoiles blanc bleuâtre des feux d'artifice.

La facilité avec laquelle le zinc fond, permet de l'employer pour la fabrication d'objets d'art moulés, tels que pendules, candélabres, etc.

88. Le fer est beaucoup plus utile que le zinc.—On

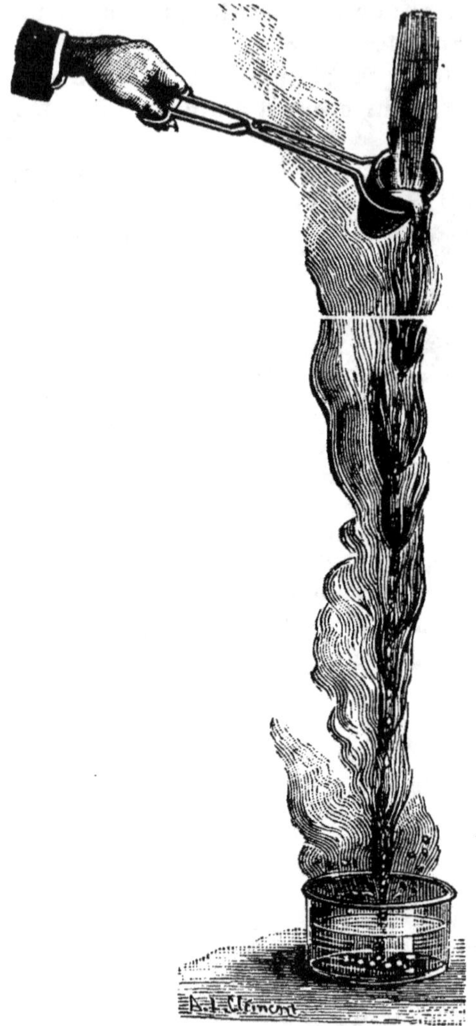

Fig. 71.—On verse le zinc fondu dans l'air; il se produit du blanc de zinc

88.— Quels sont les inconvénients du zinc ?
Le fil de zinc se casse-t-il plus facilement que le fil de fer ?
En somme, le zinc est-il plus utile que le fer ?

fait aussi directement des objets d'art en travaillant le zinc au marteau, car le zinc peut être forgé comme le fer; il peut aussi être étiré et former des fils.

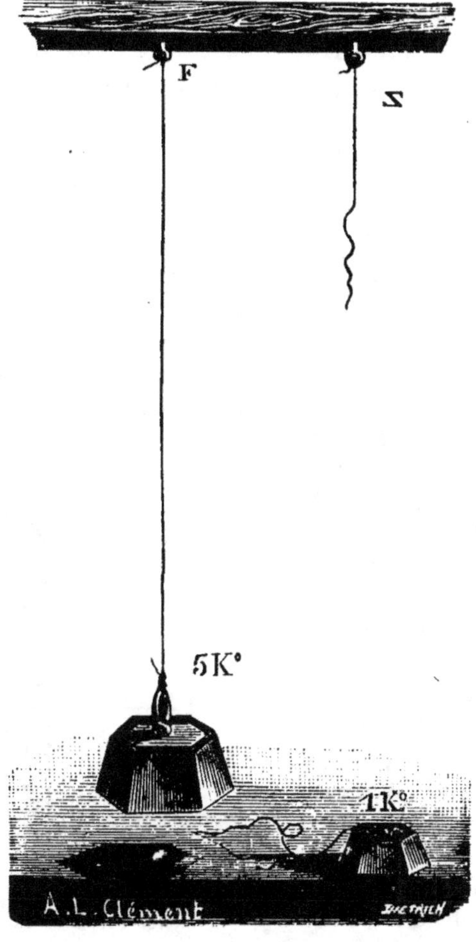

Fig. 72. — Le poids de 1 kilogramme a fait casser le fil de zinc Z; quant au fil de fer F il n'est pas cassé par le poids de 5 kilogrammes.

Mais en observant un morceau de zinc, nous constatons que ce métal est bien plus aisément rayé que le fer, qu'il se tord bien plus facilement, nous pourrions même le casser sans grande difficulté.

Nous voyons donc qu'il y a une foule d'objets pour la fabrication desquels le zinc ne peut pas remplacer le fer, tous ceux, par exemple, qui ont une grande résistance à vaincre ou de grands frottements à subir. Il en est de même pour les objets qui doivent être très fortement chauffés.

Prenons un fil de zinc et un fil de fer de même dimension; suspendons des poids à ces fils, nous constatons (fig. 72) que le fil de fer supporte, sans se casser, un poids cinq fois plus grand que celui qui a fait casser le fil de zinc. Aussi ne fait-on jamais de chaînes de zinc, et les fils de tous les ponts suspendus sont-ils en fer.

89. Le zinc sert à empêcher le fer de se rouiller. — L'emploi le plus habituel du zinc est certainement celui dont nous avons déjà parlé (voyez § 70), et qui consiste à recouvrir le fer pour le protéger contre l'action de l'air. Il suffit pour cela de plonger l'objet en fer dans du zinc fondu ; une mince couche de zinc reste alors fixée sur le fer.

Tous les objets de fer qui doivent être exposés à l'air, comme par exemple les fils de télégraphe (fig. 73), peuvent être ainsi garantis de la rouille ; si même, par suite d'un choc,

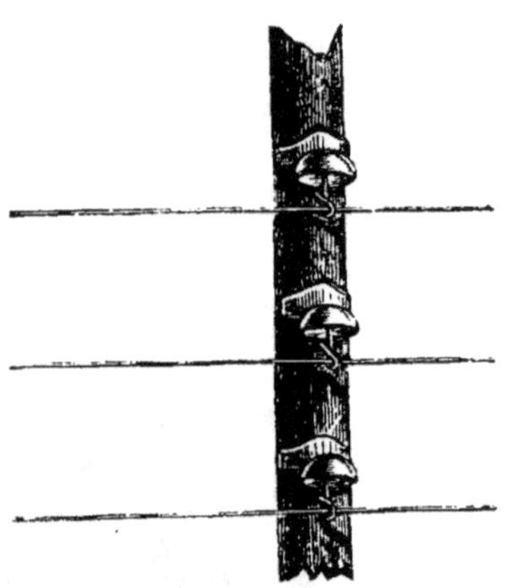

Fig. 73. — Les fils télégraphiques sont en fer recouvert de zinc.

---

89. — Comment fait-t-on pour recouvrir de zinc les objets en fer ?
A quoi cela sert-il ?
A quoi emploie-t-on le fer recouvert de zinc ?
Pourquoi ne s'en sert-on pas pour les ustensiles de cuisine ?

le zinc est arraché en un point et que le fer se trouve a nu, il ne se forme presque pas de rouille.

C'est aussi du fer recouvert de zinc qu'on tend en travers dans les jardins pour disposer les arbres fruitiers en espalier (fig. 74).

Fig. 74. — On se sert de fils de fer recouverts de zinc pour soutenir les branches des arbres fruitiers, taillés en espaliers.

Le fer recouvert de zinc, qu'on appelle ordinairement fer galvanisé, possède donc en même temps les propriétés du fer et celles du zinc.

Malheureusement on ne peut pas employer le zinc pour recouvrir les ustensiles de fer qui servent à la cuisine, ou même qui touchent seulement nos aliments; le zinc, en effet, peut dans certains cas, donner naissance à de véritables poisons; ainsi du vin, de l'huile, du vinaigre, etc..

mis dans un **vase** en zinc, deviendraient extrêmement vénéneux.

RÉSUMÉ.

86, 87.—**Utilité du zinc.** — Le zinc est un métal gris bleuâtre, plus mou et plus flexible que le fer. Il est inaltérable à l'air et se met plus facilement en lames que le fer, c'est pourquoi on l'emploie pour fabriquer des seaux, des arrosoirs, ou pour faire des toitures et des gouttières.

Le zinc fond facilement; aussi l'utilise-t-on pour fondre des objets d'art, tels que pendules, chandeliers, etc.

Quand on fond le zinc on peut le faire brûler en le laissant tomber dans l'air. Il se forme alors le *blanc de zinc* employé en peinture.

88. — Défauts du zinc. — Le zinc peut être facilement rayé, cassé. Il n'a pas la résistance du fer. Un fil de fer résiste à un poids cinq fois plus fort que celui qui fait casser un fil de zinc de la même longueur. En somme, le zinc est beaucoup moins utile que le fer.

89 — Fer recouvert de zinc. — Le fer recouvert de zinc ne se rouille pas. On emploie aussi le zinc pour protéger le fer contre l'action de l'air. On plonge pour cela le fer dans du zinc fondu et l'on obtient le fer recouvert de zinc, dit fer galvanisé. Les fils de fer des télégraphes sont en fer galvanisé

11e LEÇON.

L'ÉTAIN.

90. Objets faits en étain (1). — Le chocolat, le sau-
cisson, le pain d'épice et quelques autres substances alimentaires sont ordinairement enveloppées d'une feuille de métal
aussi mince que du papier, qui les garantit des effets de
l'air et de l'humidité : ce métal c'est de l'étain.

Cet emploi de l'étain dans ces circonstances nous in-
dique que ce métal se laisse faci-
lement mettre en lames très minces ; cela montre aussi que l'étain
ne forme pas, avec les substances
alimentaires qu'il recouvre, des
poisons comme le fait le zinc ;
c'est à cause de cela que les mesures des liquides (fig. 75) sont
en étain ; les différents liquides
qu'on met dans ces vases n'y
prennent aucune mauvaise qualité.

Fig. 75. — Mesure en étain
pour les liquides.

On fait aussi en étain des cuillers, des fourchettes et de la

(1) Objets utiles pour cette leçon : papier d'étain, mesure d'étain, cuiller
d'étain, barre d'étain, objets en fer-blanc.

---

90. — Citez des objets faits en étain.
Pourquoi fait-on ces objets en étain ?
L'étain forme-t-il des poisons avec des aliments ?
L'étain se rouille-t-il comme le fer ?
Quels sont les avantages de l'étain ?
Qu'est-ce que le cri de l'étain ?
L'étain fond-il facilement ? Comment peut-on le prouver ?

vaisselle. La fabrication de ces divers objets est facile parce que l'étain fond facilement, mais tous les ustensiles d'étain présentent l'inconvénient d'être très mous, ils se déforment avec la plus grande facilité ; de plus, ils dégagent, quand on les frotte, une odeur désagréable. Ils ont cependant l'avantage de ne jamais se rouiller ; l'étain, en effet, ne se rouille pas comme le fer ; il ne fait que se recouvrir à l'air humide d'une couche terne très mince, ainsi que le fait le zinc.

Nous pouvons constater sur une barre d'étain toutes ces propriétés.

Cette barre est terne et grisâtre ; nous l'entamons avec la plus grande facilité au moyen d'un canif, et nous voyons alors la belle couleur blanche et l'éclat vif de l'étain ; nous pouvons la tordre, sans aucune peine, et nous observons alors quelque chose qui est spécial à l'étain : c'est que, lorsque l'on plie rapidement cette barre, on entend un petit craquement particulier qu'on appelle le *cri de l'étain*.

Si nous frottons la barre d'étain, nous constatons l'odeur dont nous avons parlé. Enfin coupons-en un petit morceau et mettons-le dans une feuille de papier, dont nous relevons

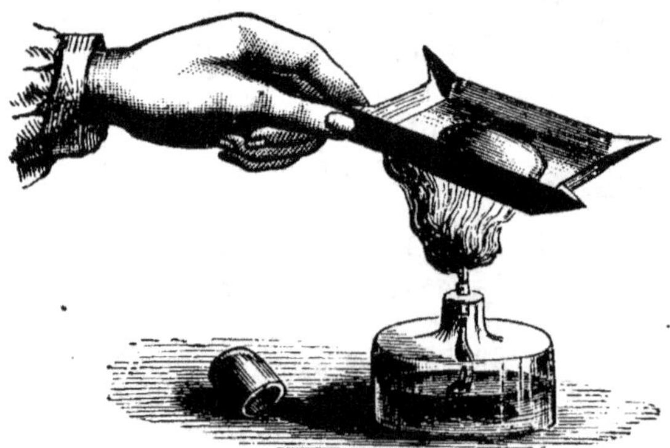

Fig. 76. — On peut fondre un morceau d'étain dans un carré de papier

les bords, de manière à former une petite boîte ; mettons cette boîte un peu au-dessus d'une bougie (fig. 76), nous verrons bientôt l'étain fondre sans que pour cela le papier brûle ; cette expérience nous prouve la facilité avec laquelle fond l'étain.

91. Fer-blanc ou fer étamé. — La facilité avec laquelle fond l'étain, sa précieuse propriété de ne pas se rouiller et de ne pas former de poisons avec nos aliments, l'ont fait employer pour recouvrir de nombreux ustensiles de fer, casseroles, cafetières (fig. 77), couverts, boîtes au lait, etc.

Fig. 77. — Boîte au lait en fer étamé.

Il suffit pour protéger ainsi le fer, comme nous l'avons vu précédemment (voyez § **69**), de plonger ces objets dans un bain d'étain ou de passer à leur surface un peu de ce métal fondu (fig. 78).

On dit alors que ces objets sont en *fer-blanc* ou en *fer étamé*. Un inconvénient du fer-blanc que ne présente pas le fer recouvert de zinc, c'est que si en un point l'étain vient à être enlevé, le fer se rouillera en ce point, et

---

91. — Comment peut-on recouvrir d'étain les objets en fer ?
A quoi cela sert-il ?
A quoi emploie-t-on le fer étamé ?
Comment appelle-t-on encore le fer étamé ?
Pourquoi peut-on s'en servir pour faire les ustensiles de cuisine ?

même la rouille se produira plus rapidement que si le fer n'avait pas été étamé. Il faut alors faire étamer de nouveau l'objet où l'on voit une tache de rouille, sans quoi le fer serait bientôt percé.

Fig. 78. — L'étameur étame une poêle en fer, en passant à sa surface de l'étain fondu.

On voit donc que le fer, lorsqu'on le recouvre d'étain, peut, sans perdre ses précieuses propriétés, acquérir les bonnes qualités de l'étain.

RÉSUMÉ.

90. — Utilité et défauts de l'étain.—L'étain est un métal blanc qui se recouvre à l'air d'une couche terne, grisâtre. Il ne se rouille pas. On peut le tordre et le déformer encore plus facile-

6

ment que le zinc. Il fond très facilement. Il ne forme pas, comme le zinc, des substances vénéneuses lorsqu'il touche des aliments, et comme il se met facilement en lames très minces, on en fait du papier d'étain. On s'en sert aussi pour faire les mesures des liquides, des cuillers et des fourchettes.

L'odeur désagréable qu'a ce métal lorsqu'on le frotte, son peu de résistance, sont des défauts qui font que l'étain n'est employé qu'à quelques usages.

91. — Fer recouvert d'étain. — C'est surtout pour recouvrir le fer et le protéger contre la rouille que l'étain est employé. Le fer recouvert d'étain s'appelle fer-blanc. Il a l'inconvénient de se rouiller très vite, lorsque la couche d'étain est entamée, tandis que le fer galvanisé reste toujours inaltérable à l'air. Le fer-blanc est surtout employé pour les ustensiles de cuisine.

12e LEÇON.

LE PLOMB.

92. Le plomb est très mou. Tuyaux, fils, lames de plomb (1). — En quel métal sont faits les tuyaux qui amènent le gaz ou l'eau dans les maisons d'une ville (fig. 79) ou dans les appartements (fig. 80) ?

Si nous étudions un morceau de ces tuyaux, nous voyons que ce métal est très mou ; nous pouvons le tordre dans tous les sens, nous pouvons le rayer avec l'ongle ; cette grande mollesse le rend très bon pour l'usage dont nous parlons ; on peut plier les tuyaux de manière à leur donner n'importe quelle forme, et on amène le gaz ou l'eau où l'on veut. Le fer, le zinc, ni même l'étain ne pourraient se plier ainsi : ce métal, c'est du plomb.

Si l'on veut soutenir une plante à tige flexible, on la fixe souvent à un mur ou à un tuteur au moyen de fils de plomb ; c'est aussi avec des fils de plomb qu'on attache les branches des plantes en espalier, sur les fils de fer galvanisé tendus en travers (voyez fig. 74).

Si l'on employait du fer pour cet usage, on se ferait certainement mal aux doigts, et le fer ne tarderait pas à être rouillé ; des fils de zinc ou d'étain seraient plus

(1) Objets utiles pour cette leçon : morceau de tuyau de plomb, fil de plomb, balle de plomb, plomb de chasse, céruse et minium en flacons fermés.

---

92. — Citez des objets en plomb?
Pourquoi fait-on ces objets en plomb?
Peut-on faire des fils de plomb ? A quoi servent-ils ?
Quels sont les avantages du plomb?

durs que ceux de plomb et, de plus, ils se casseraient plus
facilement quand on les tordrait. Nous voyons, en effet, si
nous prenons un morceau de fil de plomb, que ce fil se tord
avec la plus grande facilité et qu'il garde très exactement la
forme qu'on lui donne ; il n'a pas la moindre élasticité Mais
ces fils si souples ont très peu de force ; ils ne peuvent

Fig. 79. — Ouvrier posant dans une rue un tuyau de plomb pour la conduite
du gaz.

supporter qu'un poids très faible, nous pouvons facilement
les rompre en les tirant. Cette grande mollesse fait encore
employer le plomb sous forme de petites lames pour faire
les étiquettes qui peuvent sans inconvénient rester à l'air ;
on écrit sur ces étiquettes avec une pointe dure, avec un
clou, par exemple.

93. Lé plomb ne se rouille pas. — Les usages du plomb nous montrent que ce métal ne se rouille pas comme le fer ; si on laisse du plomb exposé à l'air humide il se ternit bientôt comme le font le zinc et l'étain et, de même que pour ces métaux, la couche qui se forme est très mince ; il suffit, en effet, de frotter un peu un morceau de plomb pour enlever cette couche ; on voit, en-dessous, le plomb bleuâtre et brillant.

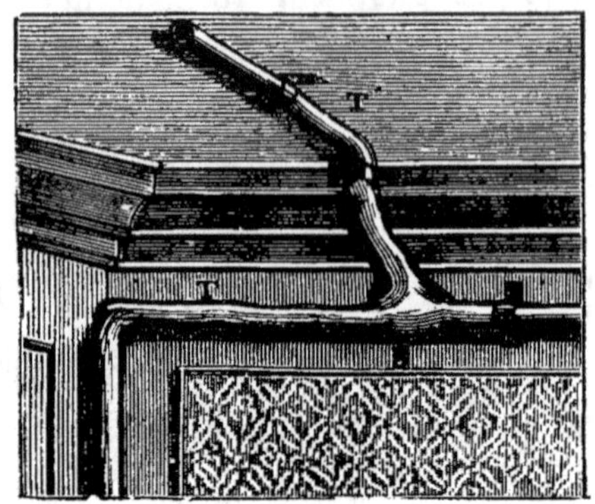

Fig. 80. — Tuyaux de plomb, dans un appartement, pour la conduite du gaz ; T, T'.

94. Crayons en plomb. — Prenons un morceau de plomb et frottons-le contre du papier, nous voyons une trace grise partout où le plomb a passé ; la mollesse du plomb est en effet si grande que sous l'action du frottement ce métal s'est écrasé sur le papier et a laissé une trace ; on utilise quelquefois cette propriété du plomb pour en faire des crayons (1).

95. Fabrication des tuyaux en plomb. — Pour faire d'un seul morceau les longs tuyaux de plomb tels que celui qui est représenté sur la figure, 80, on se sert de la machine

(1) Ce n'est plus guère maintenant que dans quelques carnets de poche qu'on se sert de ces crayons de plomb. Les crayons qu'on faisait autrefois en plomb sont fabriqués maintenant avec une sorte de charbon (*graphite*) qu'on nomme encore vulgairement de la *mine de plomb*.

---

93. — Le plomb se rouille-t-il ?
94. — Que remarque-t-on si l'on appuie un morceau de plomb sur du papier ?
95. — Comment fabrique-t-on les tuyaux de plomb ?
Qu'est-ce que le plomb de chasse et les balles de fusil ?

6.

suivante (fig. 81). E est un entonnoir dans lequel on verse du plomb fondu au moyen d'une cuiller c ; ce plomb se répand en Pb dans une cavité en forme de cylindre dans laquelle peut passer un piston P ; une machine placée en-dessous peut faire monter ce piston avec beaucoup de force. Ce piston (P, fig. 82) porte une tige t ; cette tige ne remplit pas complètement une ouverture circulaire qui se trouve au-dessus de la cavité Pb., Pb., remplie de plomb. Si le piston P monte, il repousse devant lui la masse de plomb Pb ; ce plomb ne peut sortir que par l'ouverture en forme

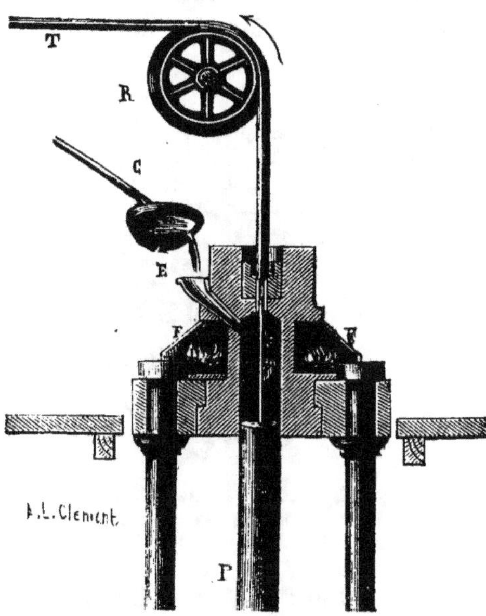

Fig. 81. — Fabrication des tuyaux de plomb. On verse le plomb fondu en C ; il tombe par l'entonnoir E jusqu'en Pb, où il est maintenu fondu par le feu F F. Puis on pousse de bas en haut la tige P qui porte la tige t. Le plomb sort alors sous la forme du tuyau T.

d'anneau qui entoure la tige t du piston ; le plomb fondu forme donc un tube (*Tube*, fig. 82) ; le métal se refroidit en arrivant à l'air, il devient assez dur pour conserver sa forme ; on enroule alors le tube T (fig. 81) ainsi formé au moyen d'une roue R que l'on fait tourner dans le sens indiqué par la flèche.

96. Plomb de chasse, balles de fusil. — C'est fou-

jours en plomb que l'on fait les projectiles qu'on lance avec
les fusils. Aucun métal ne présenterait pour cet usage les
qualités du plomb : les projectiles doivent être lourds pour
atteindre plus loin et avec plus
de force. Or, si nous prenons à
la main un morceau de plomb,
nous voyons que ce métal est
très lourd, qu'il est plus lourd
que le fer, l'étain et le zinc ; le
plomb convient donc très bien
sous ce rapport. Les projectiles
glissent dans un fusil, ils frot-
tent très vivement l'intérieur du
canon de ce fusil, qui s'userait
très vite, s'ils étaient en métal
dur ; avec le plomb qui est
très mou, cet inconvénient est
moindre qu'avec les autres métaux.

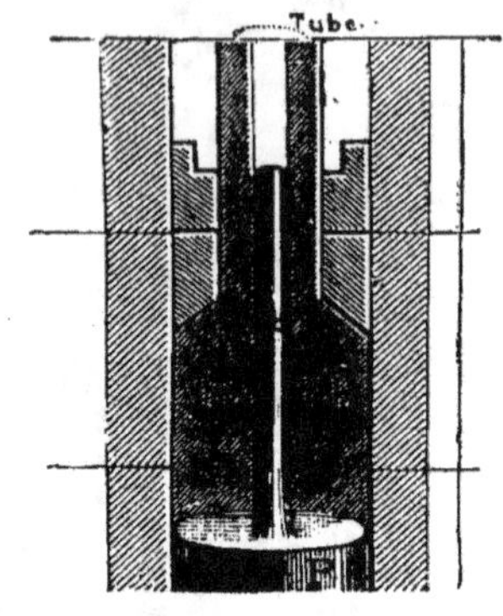

Fig. 82. — Détail de la fig. 81. P,
piston portant la tige *t*, et formant le tube de plomb (Tube).

Les projectiles des fusils sont de deux sortes : s'ils sont
petits ils constituent ce qu'on appelle le *plomb de chasse* ;
s'ils sont assez gros pour remplir le canon du fusil, ce sont
des *balles*.

Pour fabriquer les balles, on coule simplement du plomb
fondu dans un moule ayant la forme de la balle qu'on veut
avoir ; c'est ainsi que sont faites les balles des fusils chassepot (fig. 83).

Le plomb de chasse se fabrique tout autrement. Du sommet d'une tour élevée de trente ou quarante mètres, on jette
du plomb fondu dans un vase percé de trous ; le plomb
fondu tombe alors, sous forme de pluie, dans un grand
vase plein d'eau froide qu'on a disposé au pied de la tour ;
il se solidifie immédiatement sous forme de petites boules.
Ces boules sont de différentes grosseurs ; pour réunir
celles qui ont les mêmes dimensions, on met toutes les
boules sur des tamis dont les trous sont de plus en plus
gros ; les plus petites sont d'abord les seules qui passent,

c'est ce qu'on appelle *la cendrée ;* celles qui sont de plus en plus grosses passent à mesure que les trous des tamis sont plus grands ; ce sont des plombs de numéros différents.

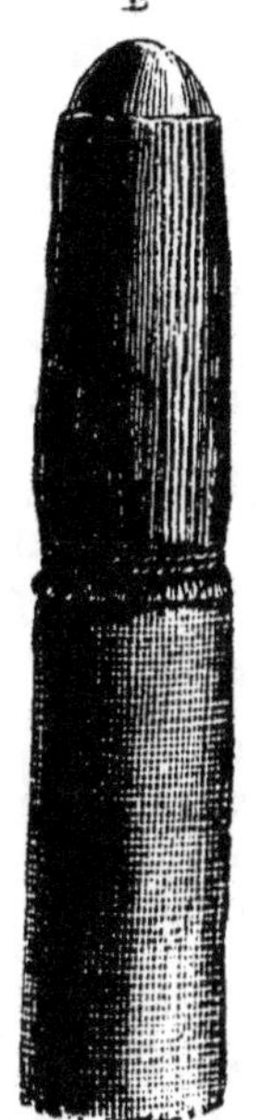

Fig. 83 et 84. — Balle en plomb du fusil chassepot, seule et placée dans la cartouche.

97. Le plomb peut former des poisons. — Nous avons vu que le plomb pouvait facilement se mettre en lames ; il peut servir alors à recouvrir des toits, surtout des terrasses, à faire des gouttières, etc. Mais nous ne voyons jamais d'ustensiles de cuisine en plomb. C'est que le plomb comme le zinc, rend vénéneux beaucoup d'aliments ; il en suffit même d'une très petite quantité pour produire des effets dangereux ; c'est ainsi que quelques grains de plomb laissés au fond d'une bouteille après qu'on l'a rincée, ont causé des empoisonnements par le vin ou le vinaigre qu'on y avait mis.

Quelques poteries grossières sont recouvertes d'un vernis dans lequel il y a du plomb ; des viandes conservées dans ces poteries ont aussi causé de graves accidents.

Enfin, il y a des couleurs qui renferment du plomb ; leur usage provoque chez les peintres des maladies particulières, quelquefois très graves, et toujours très douloureuses (1).

(1) Les plus employées de ces couleurs sont le blanc nommé *céruse* et le rouge nommé *minium* (voyez § 68.)

---

97. — Peut-on faire des ustensiles de cuisine en plomb ?
Dites dans quels cas le plomb peut être dangereux.
L'eau pure peut-elle devenir nuisible en passant sur du plomb ?
Comment se fait-il qu'on fait des conduites d'eau en plomb ?

L'eau elle-même peut, rien qu'en passant sur du plomb, devenir nuisible ; mais on a constaté que cela n'arrivait que lorsque l'eau était parfaitement pure, comme, par exemple, l'eau de pluie qui a coulé sur un toit ou une terrasse recouverts de plomb ; au contraire, l'eau de source ou de rivière qui n'est presque jamais parfaitement pure peut passer sur du plomb sans acquérir de mauvaises qualités ; or, comme c'est de cette eau que nous nous servons presque toujours, on peut généralement la faire passer sans inconvénients dans des tuyaux de plomb.

98. Le plomb peut servir à empêcher le fer de se rouiller. — Le plomb ne se rouille pas ; il peut comme le zinc et l'étain servir à recouvrir le fer et l'empêcher de se rouiller. On forme ainsi, nous l'avons dit, la *tôle plombée* qui est souvent employée pour recouvrir les toits, parce qu'elle s'altère moins par la pluie que la tôle recouverte de zinc.

RÉSUMÉ.

92, 93, 94.—**Utilité du plomb.**— Le plomb est un métal blanc brillant, très lourd, qui peut se rayer à l'ongle et qui marque en gris sur le papier. Il fond assez facilement ; il ne s'altère pas à l'air, sauf qu'il se forme une mince couche grise à la surface.

Les fils de plomb sont très souples et servent aux jardiniers pour attacher les plantes ; les tuyaux de plomb ont aussi l'avantage de pouvoir être contournés et d'être facilement soudés les uns aux autres. On les emploie pour conduire l'eau ou le gaz d'éclairage dans les rues des villes et dans les appartements.

Comme le plomb marque sur le papier, on s'en sert aussi pour faire des crayons. Comme le plomb est lourd, on s'en sert pour faire les projectiles (plomb de chasse, balles de fusil).

95.—**Tuyaux de plomb.**—Les tuyaux de plomb se fabriquent

---

98. — Dans quel cas recouvre-t-on le fer avec du plomb ?

avec du plomb que l'on fond et que l'on presse de manière à le faire passer par un trou en forme d'anneau ; en même temps le plomb redevient solide et il sort sous forme de tuyaux qu'on enroule.

96. — Plomb de chasse ; balles. — Le plomb de chasse se fabrique en jetant le plomb fondu dans de l'eau du haut d'un endroit élevé. Les balles de fusil sont moulées avec du plomb fondu.

97. — Le plomb peut former des poisons. — On ne peut se servir de plomb pour les ustensiles de cuisine, car il forme des poisons dangereux ; mais l'eau de source ou de rivière n'est pas altérée par les tuyaux de plomb.

98. — Fer recouvert de plomb. — On emploie quelquefois de la tôle plombée pour faire les toitures. Elle s'altère moins que le zinc.

13° LEÇON.

LE CUIVRE.

99. Le cuivre est moins dur que le fer (1). — Beaucoup d'ustensiles de cuisine (fig. 85), des chaudrons, des casseroles, etc., sont en un métal rouge qui dégage, quand on le frotte, une odeur désagréable : ce métal c'est du cuivre, vulgairement appelé cuivre rouge. Le cuivre coûte plus cher que le fer ; voyons pourquoi on l'emploie quelquefois de préférence au fer.

Prenons un morceau de cuivre ; frottons-le avec un clou, nous voyons qu'il est rayé ; le cuivre est donc moins dur que le fer ; aussi ne voyons-nous pas ordinairement de clous en cuivre. Remarquons aussi que nous pouvons tordre ce petit morceau de cuivre plus facilement que nous ne le ferions si c'était du fer.

Quand on frappe du fer avec une pierre dure, du silex par exemple, nous avons vu (§ 59) que de vives étincelles se produisent. Essayons d'obtenir ce même résultat avec du cuivre, c'est impossible ; le cuivre n'est pas assez dur. Cette propriété du cuivre de ne pas pouvoir produire d'étincelles par le choc, rend l'emploi de ce métal très avantageux dans certaines circonstances, par exemple, pour broyer la poudre ; aussi, dans les poudreries, où la

(1) Objets utiles pour cette leçon : lame de cuivre rouge, fil de cuivre rouge, objets en cuivre rouge, en cuivre étamé.

---

99. — Citez des objets en cuivre rouge.
Le cuivre coûte-t-il plus cher que le fer?
Le cuivre est-il aussi dur que le fer?
Donne-t-il des étincelles par le choc ?

moindre étincelle peut occasionner de très grands accidents, on se sert toujours de pilons en cuivre.

Fig. 85. — Chaudrons en cuivre (au fond, balances et chandelier en laiton).

**100. Le cuivre se met plus facilement en lames
que le fer.** — Si nous mettions ce morceau de cuivre entre
les cylindres du laminoir, nous le transformerions facilement
en lames, plus facilement qu'un morceau de fer ; de même, si
on le frappe avec un marteau, chaque coup de marteau laisse
sur ce morceau de cuivre une empreinte plus profonde que
si l'on frappait du fer. En frappant du cuivre avec un marteau, on le transforme donc en lames plus facilement que

---

100. — Le cuivre se met-il plus facilement en lames que le fer ?
Pourquoi fait-on des objets en cuivre ?
Quels sont les divers avantages du cuivre ?

le fer ; on a donc avantage à faire en cuivre les objets tels
que des casseroles, des marmites, des chaudières, des
alambics pour distiller (fig. 86), que l'on fabrique en frappant le métal à coups de marteau ; en outre, le cuivre

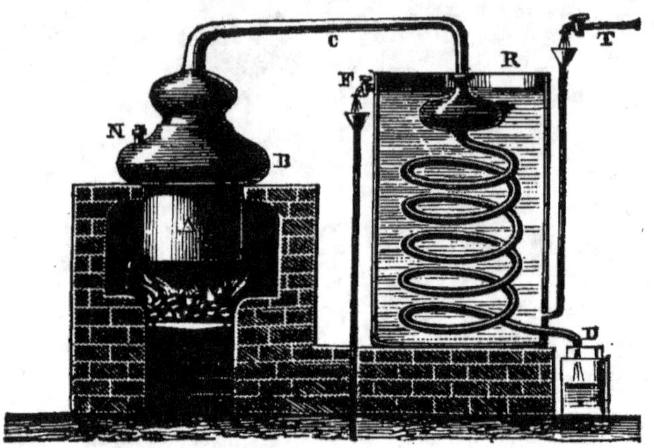

Fig. 86. — Les alambics pour distiller se font en cuivre, parce que ce
métal s'échauffe très vite.

s'échauffe beaucoup plus vite que le fer ; c'est pourquoi une
casserole est meilleure en cuivre qu'en fer-blanc.

101. Le cuivre peut empoisonner. Vert-de-gris.
— Le cuivre ne se rouille pas comme le fer, mais à l'air
humide il se recouvre d'une mince couche verte qui est ce
qu'on appelle du *vert-de-gris*.

Le vert-de-gris est un poison ; il faut donc absolument
éviter sa formation dans les ustensiles de cuisine. Pour
cela, il faut tenir ces objets parfaitement propres, ce qui
n'est pas d'ailleurs très difficile, car le vert-de-gris n'adhère
pas très solidement au cuivre ; prenons, en effet, ce morceau

---

101. — Quels sont les inconvénients du cuivre ?
  Qu'est-ce que le vert-de-gris ?
  Comment peut-on l'enlever ?
  Les ustensiles de cuisine en cuivre peuvent-ils être dangereux ?

de cuivre couvert de vert-de-gris, frottons-le un peu, nous voyons le vert-de-gris disparaître et le cuivre reprendre son éclat.

Lors même qu'il est parfaitement propre, un vase de cuivre peut occasionner des accidents ; certains aliments, du vinaigre, des fruits, des graisses peuvent, en effet, quand ils sont en contact avec du cuivre, devenir de véritables poisons, surtout si on laisse refroidir ces aliments dans le vase en cuivre. Aussi, lorsqu'on fait des confitures dans un chaudron en cuivre, il ne faut pas les laisser refroidir dans ce chaudron.

102. Étamage du cuivre. — Il y a un moyen bien simple d'empêcher absolument ces fâcheux accidents de se produire, c'est de recouvrir d'étain la partie des ustensiles de cuivre qui doit être en contact avec les aliments ; c'est ce que l'on fait très habituellement; on étame, par exemple, l'intérieur des casseroles (fig. 87). Il n'y a plus alors qu'à s'as-

Fig. 87. — On étame les casseroles à l'intérieur et aux bords parce que cuivre peut empoisonner.

surer que la couche d'étain n'est détruite en aucun point; quand la couche d'étain est usée et qu'on aperçoit le cuivre, il faut faire étamer de nouveau cette casserole.

L'étamage du cuivre a un autre avantage: il empêche

---

102. — Comment peut-on empêcher les ustensiles de cuivre d'être dangereux ?

l'odeur désagréable du cuivre de se communiquer aux substances que l'on mange.

103. Fils de cuivre. — On peut faire des fils de cuivre presque aussi facilement qu'on fait des fils de fer. Les fils de cuivre ne sont pas aussi forts; on les emploie cependant beaucoup dans l'industrie, parce qu'ils ne se rouillent pas; on en fait usage aussi dans les expériences d'électricité parce que le cuivre conduit mieux l'électricité que le fer. Cependant, pour d'autres raisons, on a avantage à faire (voyez § 89) les fils de télégraphe en fer et non en cuivre.

104. Le cuivre brûle avec une flamme verte. — Mettons un morceau de cuivre sur un feu un peu vif, et nous verrons la flamme qui entoure le cuivre prendre une teinte verte ; on voit très souvent ainsi de petites flammes vertes entourer la base d'une casserolle mise sur le feu ; c'est le cuivre qui brûle en donnant cette couleur à la flamme.

C'est par de la poussière de cuivre mêlée à de la poudre que l'on obtient les étoiles vertes dans les feux d'artifice.

105. Couleurs qui renferment du cuivre. — Il y a quelques couleurs employées en peinture, particulièrement le vert, qui renferment du cuivre. Ces couleurs sont très vénéneuses ; leur usage nécessite certaines précautions.

Des pains à cacheter, des papiers, des étoffes de cette couleur ont quelquefois occasionné des accidents assez graves (1).

(1) Le blanc d'œuf délayé dans de l'eau est un des meilleurs contrepoisons du cuivre et du zinc.

---

103. — Peut-on faire des fils de cuivre ?
A quoi servent-ils ?
104. — Que remarque-t-on si l'on met un morceau de cuivre sur du feu ?
Se sert-on quelquefois de cette propriété du cuivre ?
105. — Les couleurs qui renferment du cuivre sont-elles dangereuses?

RÉSUMÉ.

99, 100, 101, 102. — Utilité et défauts du cuivre. —
Le cuivre est un métal rouge, plus dur que l'étain, le zinc ou le
plomb, mais moins dur que le fer.

Le cuivre se met plus facilement en lames que le fer et se travaille
plus aisément au marteau, et comme il s'échauffe plus vite que le
fer, on l'emploie de préférence pour faire les chaudrons, les casseroles, les alambics, etc.

Le cuivre est moins résistant que le fer, il est plus cher, enfin
il s'altère en formant à sa surface une matière verte appelée *vert-
de-gris* qui est un poison dangereux.

On remédie à cet inconvénient en étamant, c'est-à-dire en recouvrant d'étain, les objets en cuivre.

103. — Fils de cuivre. — Le cuivre se met facilement en
fils dont on se sert pour conduire l'électricité.

104. — Flamme du cuivre. — Le cuivre brûle avec une
flamme verte ; on utilise quelquefois cette propriété dans les feux
d'artifices.

105. — Couleurs qui renferment du cuivre. — Certaines
couleurs, surtout les couleurs vertes, renferment du] cuivre et
sont de dangereux poisons.

14e LEÇON.

LE LAITON ET LE BRONZE.

106. Laiton : Chandeliers, lampes, instruments de musique, etc. (1). — Quel est ce métal jaune avec lequel sont faits tant d'objets usuels, des chandeliers, des balances (voyez fig. 85), des lampes, des boutons de porte, les garnitures de meubles, etc. ?

C'est du *laiton*, vulgairement appelé *cuivre jaune*.

Quels avantages le laiton a-t-il sur le cuivre ?

C'est qu'il fond à une température beaucoup moins élevée et que le travail en est plus facile ; on peut en faire des lames très minces et le travailler aisément au marteau ; on peut aussi en faire des fils très fins.

Cette grande facilité pour travailler le laiton nous explique son emploi si fréquent ; les instruments de musique (piston, trombone, cor de chasse, trompette, etc.), sont aussi en laiton.

107. Épingles. — Mais l'emploi le plus considérable du laiton est dans la fabrication des épingles. Les épingles, en effet, sont en laiton ; leur couleur blanche tient à ce qu'on les recouvre d'une mince couche d'étain pour éviter l'odeur désagréable que le laiton laisserait aux doigts.

(1) Objets utiles pour cette leçon : Objets en laiton, fil de laiton très fin, épingles, creuset ; objets en bronze avec patine.

---

106. — Citez des objets en laiton.
Quelle est la couleur du laiton ?
Quel autre nom donne-t-on au laiton ?
Quels avantages le laiton a-t-il sur le cuivre ?
107. — En quoi sont faites les épingles ?
Pourquoi ne sont-elles pas jaunes ?

La fabrication des épingles est d'ailleurs très compliquée; avant d'être achevée, une épingle passe nécessairement par les mains de quatorze ouvriers.

108. Le laiton est un alliage de cuivre et de zinc.—

Le laiton n'est pas un métal comme le cuivre, le plomb ou le zinc; il est formé de deux métaux que l'on a intimement mêlés; ces deux métaux sont le cuivre et le zinc.

Fig. 88. — On prépare le laiton en chauffant du zinc et du cuivre dans un creuset.

Pour fabriquer le laiton, on fond ensemble dans un creuset de terre (fig. 88) des morceaux de cuivre et de zinc ; afin d'éviter l'action de l'air sur les métaux on recouvre le tout de charbon en poussière ; les métaux fondus se mêlent et le laiton est formé. Ce mélange intime de deux métaux forme ce qu'on appelle un *alliage*. Le laiton est donc un *alliage du cuivre et de zinc* ; la couleur jaune du laiton est plus ou moins foncée ; elle varie avec les proportions des deux métaux.

Quand on veut faire une grande quantité d'alliage, on opère alors dans un grand four appelé four à réverbère (fig 89); quand l'alliage est formé, on le retire avec de grandes cuillers et on le porte dans les différentes parties de l'atelier où on le travaille (1).

(1) C'est de la même manière que se font presque tous les autres alliages.

---

109. Bronze : alliage de cuivre et d'étain. — Les cloches, les canons, beaucoup de statues et autres objets d'art, tels que les pendules et les candélabres, sont en un *alliage de cuivre et d'étain* qu'on appelle *bronze*.

Fig. 89. — Four pour la préparation du laiton ou du bronze.

Le bronze se travaille parfaitement et fond plus facilement que le cuivre.

On fait des bronzes de qualités différentes en variant les proportions du cuivre et de l'étain ; ainsi on fait un bronze très résistant pour la fabrication des canons, un autre très sonore quand on veut en faire des cloches ou des timbres, un autre très fusible pour les statues ou les objets d'art moulés, etc.

Le bronze exposé à l'air se recouvre comme le cuivre d'une couche extérieure qui voile sa surface ; mais ce n'est plus du vert-de-gris qui se forme, c'est une couche d'une couleur verte spéciale qui donne au bronze une teinte

---

109. — Citez des objets en bronze.
Qu'est-ce que le bronze ?
Quels sont les avantages du bronze ?
Qu'est-ce que la patine du bronze ?

sombre, plus appréciée que le brillant de l'alliage quand il est neuf ou parfaitement nettoyé : cette teinte est ce qu'on nomme la *patine* (1).

110. La trempe rend le bronze mou. — Nous avons vu (§ 65) que si l'on refroidit brusquement de l'acier très chaud, il devient extrêmement dur ; c'est ce que nous avons appelé la *trempe* de l'acier.

Si l'on fait subir la même opération à du bronze, l'effet qui se produit est précisément l'inverse ; le bronze, qui était dur, devient au contraire extrêmement mou et peut se prêter mieux qu'auparavant à certains travaux. Ainsi, pour faire les médailles, il faut avoir un bronze qui ne soit pas dur ; on trempe donc la plaque de bronze dont on veut faire une médaille ; mais une fois que la médaille est faite, il vaut mieux qu'elle soit dure pour être plus résistante, on la fait alors chauffer et on la laisse ensuite refroidir très lentement. C'est ce qu'on appelle la *recuite ;* le bronze reprend, sous l'action de la chaleur, sa dureté primitive.

RÉSUMÉ.

106, 107, 108. — **Laiton.** — Le laiton est un alliage de cuivre et de zinc. C'est un métal jaune qui fond sans qu'on ait besoin de le chauffer autant que le cuivre et qu'on peut travailler plus facilement. On peut en faire des fils très fins.

On l'emploie pour faire des épingles, des chandeliers, des lampes, etc.

(1) La teinte de cette patine est tellement appréciée que l'on recouvre très souvent le bronze neuf d'un vernis spécial qui en imite la teinte verte.

---

110. — Qu'arrive-t-il si l'on *trempe* le bronze ?
Qu'est-ce que recuire le bronze ?
Pourquoi trempe-t-on et recuit-on le bronze pour faire une médaille ?

On le prépare en fondant ensemble du zinc et du cuivre dans un creuset sous une couche de charbon en poussière.

109, 110. — Le bronze. — Le *bronze* est un alliage de cuivre et d'étain.

On peut le préparer de la même manière que le laiton. C'est un métal brun-rougeâtre, sonore, peu altérable à l'eau.

Le bronze se travaille facilement, il devient mou par la trempe et redevient dur si on le réchauffe ensuite (recuite).

On emploie le bronze pour faire les cloches, les canons, les objets d'art.

15ᵉ LEÇON.

EXTRACTION DU ZINC, DE L'ÉTAIN, DU PLOMB ET DU CUIVRE.

111. Comment on retire le zinc de son mineral. (1).
— La plus grande partie du zinc qu'on emploie en France
vient d'Aix-la-Chapelle; il y a près de cette ville des mines
importantes de zinc, nommées mines de la Vieille-Montagne.

Le zinc ne se trouve jamais à l'état de métal pur ; il est
toujours renfermé dans un minerai d'où il peut s'extraire (2).

Pour extraire le zinc de son minerai, on chauffe d'abord
fortement à l'air ce minerai, l'air agit sur lui et le transforme ; on mélange ensuite ce minerai ainsi transformé avec
du charbon et l'on porte le mélange dans des vases (*c*, fig. 90)
où l'air ne se renouvelle pas ; ces vases sont placés les uns
au-dessus des autres dans un four (fig. 90). On chauffe : le
zinc se sépare du mélange sous forme de vapeurs que l'on
fait condenser dans des vases allongés *d*, *b'* où l'on peut le
recueillir.

C'est seulement vers le xvi siècle que le zinc a été connu
en Europe ; on l'apportait de Chine où il était exploité depuis longtemps déjà.

(1) Objets utiles à cette leçon : minerais de zinc, d'étain, de plomb, de cuivre.
(2) Le minerai de la Vieille-Montagne est de la *calamine* ; il existe un autre
minerai de zinc nommé *blende*.

---

111. — Comment extrait-on le zinc de son minerai ?
Connaît-on le zinc depuis longtemps en Europe ?
Où trouve-t-on du minerai d'étain ?

112. Minerai d'étain. — L'étain, au contraire, s'extrait de son minerai en Europe depuis un temps considérable. Les mines d'étain les plus riches sont en Saxe, en Bohême

Fig. 90. — Four pour fabriquer le zinc. *c*, vases fermés ou l'on met le minerai et le charbon ; *d*, *b'* allonges où se recueille le zinc fondu.

et en Angleterre, dans le comté de Cornouailles. Ces mines de Cornouailles présentent même [une particularité assez curieuse, c'est qu'elles ont des galeries d'exploitation qui se trouvent en partie sous la mer (1).

A quoi tient que l'étain soit si anciennement connu ?

C'est que le minerai d'étain peut se décomposer très facilement de manière à laisser l'étain se séparer.

(1) Le minerai d'étain est la *cassitérite.*

---

112. — Connaît-on l'étain depuis longtemps ? Pourquoi ?

113. Extraction de l'étain. — Le minerai est brisé en petits fragments et lavé par un violent courant d'eau qui entraîne beaucoup d'impuretés.

Le minerai, déjà assez pur, est grillé, puis est soumis à un second lavage qui le purifie encore ; enfin ce minerai purifié est mêlé avec du charbon de bois et chauffé dans un four (fig. 90 *bis*) ; le minerai M est décomposé par le charbon

Fig. 90*bis*. — Extraction de l'étain. — L'air du soufflet S est lancé par le tuyau T sur le mélange de charbon et de minerai M. L'étain fondu coule par le conduit R, dans la cuve C.

dont la combustion est activée par un soufflet S qui, par son tuyau T lance sur le charbon des quantités considérables d'air ; l'étain fondu coule et se rassemble à la base du four comme le montre la figure.

Quand il y en a ainsi une certaine quantité, on le fait couler par une rigole R dans une cuve C.

Dans cette cuve C, on enfonce des morceaux de bois vert que l'on agite ; ce bois se carbonise sous l'effet de la haute

---

113. — Comment retire-t-on l'étain de son minerai ?

température de l'étain, et en se carbonisant il forme de nombreuses bulles gazeuses qui, se dirigeant toutes de bas en haut, entraînent à la surface une grande partie de ce qui n'est pas de l'étain. On retire alors les impuretés qui se trouvent à la surface, et on coule le métal dans des moules.

114. Comment on purifie l'étain.—Mais l'étain ainsi obtenu n'est pas encore pur ; pour le purifier, on le chauffe encore une fois, mais très lentement ; l'étain fond plus facilement que les autres métaux qui se trouvent avec lui : il en résulte que l'étain seul fond d'abord, et que, si l'on ne fait pas chauffer trop vite, on peut l'obtenir très pur (1).

115. Minerai de plomb : comment on en extrait le plomb. — Le minerai de plomb le plus répandu est gris bleuâtre ; il est très lourd et très brillant (2).

On trie, on casse et on lave ce minerai ; puis on l'introduit par une ouverture C dans un grand four, dit four à réverbère (fig. 91) où on l'étend en M ; les flammes du foyer F le chauffent considérablement, tandis que de l'air entre par les ouvertures o, o, o ; cet air, sous l'action de la haute température du four, brûle les substances qui sont unies au plomb pour former le minerai, et bientôt il ne reste plus que du plomb qu'on peut employer immédiatement.

La facilité avec laquelle on tire le plomb de son minerai explique que le plomb ait été connu depuis très longtemps.

Les mines de plomb sont assez nombreuses en France : les Pyrénées, l'Auvergne, la Bretagne en renferment ; mais c'est en Angleterre et en Espagne que sont les plus grandes exploitations.

---

(1) Cette opération est ce qu'on appelle la *liquation* de l'étain.
(2) Ce minerai est de la *galène*. Il y a un autre minerai de plomb plus rare et qui est blanc : broyé, il est employé dans la peinture ; c'est la *céruse*.

---

114. — Comment peut-on purifier l'étain ?
115. — Comment extrait-on le plomb de son minerai ?
Où trouve-t-on du minerai de plomb ?

116. Où l'on trouve du cuivre pur. — Dans quelques pays, particulièrement dans le nord de l'Amérique, près du Lac Supérieur, on trouve des amas considérables de cuivre pur; ce cuivre peut être fondu et travaillé immédiatement. Cela nous explique que le cuivre ait été l'un des métaux les plus anciennement connus.

Fig. 91. — Extraction du plomb. — Le minerai de plomb introduit dans le four par l'ouverture C est étendu en M au-dessus d'une couche de sable S. Sous l'action de la chaleur du feu F et de l'air qui arrive par les ouvertures *o, o, o*, le minerai se transforme en plomb.

117. Minerai de cuivre. — Mais généralement le cuivre se trouve à l'état de minerai; et même ce minerai ne se décompose qu'avec une certaine difficulté, de sorte que l'extraction du cuivre est plus longue que celle de la plupart des autres métaux.

La France ne produit presque pas de cuivre; l'Angleterre et l'Allemagne en fournissent au contraire une très grande quantité (1).

(1) Le minerai de cuivre le plus exploité est la *chalkopyrite*; il est jaune brillant, et se casse assez facilement.

---

116. — Comment s'explique-t-on que le cuivre ait été l'un des métaux les plus anciennement connus ?
Où trouve-t-on du cuivre pur?
117. — Où trouve-t-on du minerai de cuivre ?

118. Extraction du cuivre. — Pour extraire le cuivre de son minerai, on grille ce minerai dans un four à réverbère comme celui de la figure 91 ; le minerai se décompose en partie; on le porte alors dans un autre four où on le fait fondre; une partie des impuretés forment des scories que l'on retire ; il reste dans le four une masse qu'on nomme *matte* qui renferme presque tout le cuivre du minerai. On fait subir un nouveau grillage à cette matte, puis une nouvelle fusion, et ainsi de suite jusqu'à ce qu'on obtienne une matte renfermant une très grande quantité de cuivre, c'est ce qu'on appelle du *cuivre noir*.

On met enfin ce cuivre noir dans un fourneau à réverbère avec du charbon et l'on fait passer sur le mélange un violent courant d'air ; les substances étrangères au cuivre sont brûlées et entraînées par le courant d'air ; on agite alors le cuivre liquide avec des branches de bois vert, comme nous avons vu qu'on le fait pour l'étain; tout ce qui n'est pas du cuivre est entraîné à la surface par les bulles gazeuses que dégage le bois et bientôt il ne reste plus que le cuivre pur.

RÉSUMÉ.

111. — Extraction du zinc. — Le minerai de zinc est chauffé à l'air, puis mêlé avec du charbon dans des vases où on le chauffe fortement. Le zinc vient se réunir dans des allonges.

112, 113, 114. — Extraction de l'étain. — Le minerai d'étain est grillé à l'air puis mêlé avec du charbon de bois dans un four où l'on active la combustion avec un soufflet. L'étain fond et est recueilli dans une cuve. On le purifie en le rechauffant lentement. L'étain pur fond et les impuretés restent.

115. — Extraction du plomb. — Le minerai de plomb est chauffé à l'air dans un grand four ; tout ce qui n'est pas le plomb

---

118. Comment extrait-on le cuivre de son minerai ?

disparaît dans la fumée du four et il ne reste plus que du plomb.

116 à 118. — Extraction du cuivre. — Le minerai de cuivre est grillé à l'air, puis fondu, puis grillé de nouveau, refondu, etc., jusqu'à ce qu'on obtienne du cuivre impur appelé *cuivre noir*. Ce cuivre noir est purifié ; mêlé avec du charbon et chauffé à l'air, il donne le cuivre rouge.

16ᵉ LEÇON.

L'ARGENT.

119. Pourquoi on fait des objets en argent(1).—On
fait souvent en argent les cuillers et les fourchettes (fig. 92);
Prenons cette cuiller (2), elle est blanche, brillante ; si on
la frotte, on ne lui trouve pas
l'odeur désagréable d'une cuiller
d'étain ; elle ne se rouille pas
comme le fer ; elle ne se ternit
même pas comme le zinc, l'étain,
le plomb, le cuivre ; nous pouvons
la laisser exposée à l'air humide,
nous la verrons toujours rester
blanche, et si elle n'est pas tout
à fait aussi brillante ; il suffit de la
frotter un peu pour lui rendre son
éclat.

C'est parce que l'air n'abîme pas
du tout l'argent, qu'on l'emploie
pour faire des montres, des cafetières, des plats, des assiettes et surtout des monnaies.

Fig. 92. — Cuiller et fourchette en argent.

Si l'on coupe un fruit avec un couteau d'acier, on sait que
si l'on n'essuie pas bientôt ce couteau, il se forme sur la

(1) Objets utiles pour cette leçon : couvert ou montre en argent ou monnaie
d'argent, objets en ruolz, couvert en étain, couvert en fer-blanc.
(2) On peut remplacer une cuiller par tout autre objet en argent ou même
par une pièce de 5 francs en argent.

---

119. — Citez quelques objets en argent.
Pourquoi est-il avantageux de faire ces objets en argent ?

lame une tache noirâtre qui donne au fruit un goût de fer ; cet inconvénient ne se produit pas avec un couteau en argent ; l'argent, en effet, n'est pas altéré par le jus des fruits. C'est pourquoi on fait des couteaux à dessert en argent.

120. L'argent s'échauffe plus vite que le fer, le zinc, le cuivre, l'étain. — Mettons un bout de cette cuiller dans de l'eau bouillante, nous ne pourrons plus bientôt, sans nous brûler, toucher l'autre bout. Faisons la même expérience avec cette longue clef ou avec cette fourchette d'étain, nous trouvons que ces objets s'échauffent beaucoup moins vite : l'argent s'échauffe donc plus vite que les autres métaux. C'est pour cela que l'on fait ordinairement l'anse des cafetières d'argent en bois, en corne ou en ivoire. On ne pourrait pas les tenir par une anse en argent.

121. Les œufs, la moutarde, etc., noircissent l'argent. — Qu'arrive-t-il quand on laisse quelque temps une cuiller d'argent ou argentée sur des œufs, surtout sur le jaune ? Il se forme sur la cuiller des taches noires qu'on a beaucoup de peine à faire disparaître ; la moutarde et quelques autres substances produisent le même effet.

Il y a aussi des sources dont l'eau a une odeur d'œufs gâtés (eaux sulfureuses) (1), dont l'eau noircit l'argent ; les fuites de gaz d'éclairage produisent également ce même effet sur les objets en argent qui peuvent se trouver dans les appartements.

Le sel, quand il est mouillé, altère aussi l'argent ; on s'en aperçoit si, par un temps humide, on oublie une petite cuiller dans une salière.

Enfin, on sait bien qu'on ne remue pas la salade avec un

(1) Telles sont les eaux d'Enghien, d'Uriage, de Pierrefonds, etc.

---

120. — Pourquoi ne fait-on pas en argent, l'anse des cafetières d'argent ?
121. — Citez quelques substances qui altèrent l'argent.

couvert d'argent; c'est qu'en effet, l'argent, comme les autres métaux, serait très endommagé par le vinaigre. C'est pour cela qu'on se sert habituellement d'un couvert de bois.

122. L'argent est flexible; il se raye facilement. — Une lame d'argent, même assez épaisse, peut se plier très facilement; l'argent est donc flexible, tellement flexible qu'on ne l'emploie jamais seul; on le mêle avec un autre métal plus résistant, le cuivre, qui lui donne un peu plus de fermeté.

Ainsi, ce que tout le monde appelle de l'argent, des cuillers, des pièces de monnaie, des chaînes de montre, tout cela n'est pas de l'argent pur, c'est un *alliage* d'argent et de cuivre où il y a, il est vrai, beaucoup plus d'argent que de cuivre, environ 9 ou 10 fois plus.

Nous voyons aussi que l'argent n'est pas dur; nous faisons très facilement une raie sur cette pièce de monnaie en argent en frottant dessus un morceau de fer ou de cuivre, et les raies seraient encore bien plus marquées si la pièce était en argent pur.

123. Le cuivre argenté prend les bonnes qualités de l'argent. — Ce n'est donc ni par sa solidité, ni par sa dureté que l'argent peut être utile; on ne peut en faire ni un outil, ni aucun instrument d'un usage ordinaire; ces instruments seraient immédiatement usés ou faussés; on l'emploie uniquement parce qu'il n'est pas altérable à l'air. Ainsi, une montre d'argent n'est en argent qu'à l'extérieur; tout le dedans est en cuivre, en acier, etc. Si les rouages de cette montre étaient aussi en argent, ils seraient très vite usés.

Mais alors, c'est donc seulement par la nature de sa sur-

----

122. — Peut-on facilement déformer un objet en argent? L'argent est-il très dur?
123. — Quel est le résultat que l'on obtient en argentant un objet de cuivre?

face, que l'argent est utile ; s'il y avait moyen de recouvrir un objet en cuivre d'une couche d'argent même très mince, on aurait réuni les avantages du cuivre et ceux de l'argent. L'objet de cuivre aurait conservé les bonnes qualités du cuivre et celles de l'argent, sans avoir les inconvénients de ces deux métaux. C'est ce précieux résultat qu'on obtient en argentant des objets en cuivre, les cuillers, les fourchettes.

C'est par l'électricité qu'on argente presque toujours aujourd'hui ; c'est ainsi qu'on fabrique les objets dits en *ruolz*.

124. Pourquoi l'argent a une grande valeur. — Il y a encore un autre avantage à recouvrir d'argent les objets de cuivre ; c'est que ces objets, ayant les mêmes avantages que s'ils étaient en argent, sont cependant beaucoup moins chers que s'ils étaient entièrement en ce métal.

L'argent a, en effet, une grande valeur, non pas à cause des services qu'il rend à l'industrie, car le fer et le cuivre sont bien plus utiles, mais parce qu'on s'en sert pour faire les monnaies et qu'on est alors convenu d'attribuer une valeur déterminée à un certain poids d'argent.

De plus, l'argent est un métal assez rare.

125. Mines d'argent. — Dans quelques pays, sur les bords du Lac Supérieur (en Amérique) par exemple, on trouve de l'argent pur ; on n'a alors qu'à le retirer du sol.

Mais généralement l'argent s'extrait d'un minerai dont il faut le séparer, et c'est quelquefois assez difficile.

Les principales mines d'argent sont dans le Pérou, dans

---

le Mexique, dans le Chili. En Europe, il y en a aussi d'assez importantes, surtout en Saxe et en Norwège (1).

126. Comment on retire l'argent de son minerai.
— On extrait l'argent de son minerai de plusieurs manières; chaque pays emploie des méthodes différentes.

Voici comment on fait dans l'Amérique du Sud qui fournit une si grande quantité d'argent.

Fig. 93. — Mules piétinant sur le minerai d'argent mêlé à du sel.

On étend le minerai d'argent sur un sol recouvert de dalles ; on l'écrase et on le mêle avec du sel, on jette de

(1) La France en renferme quelques-unes, en Bretagne, en Auvergne, le long des Pyrénées ; mais ces mines sont sans importance et sont bien loin de fournir l'argent dont notre pays a besoin.

---

126. — Comment fait-on dans l'Amérique du Sud pour retirer l'argent de son minerai ?

l'eau sur ce mélange, il se forme de la boue. On fait alors marcher des mules dans cette boue (fig. 93) ; pour cela, on les attelle à un joug qui peut tourner autour d'un pilier. On ajoute successivement à la boue du minerai de cuivre et du mercure (1). Toutes ces substances se mêlent intimement, sous l'effet du piétinement des mules qui doit quelquefois se continuer pendant plusieurs mois. Au bout de ce temps, le mercure a agi sur l'argent ; les deux corps forment une matière qui a la consistance du beurre et est très lourd ; c'est ce corps qu'il faut séparer de la boue.

On le sépare d'une manière très simple ; il suffit en effet de jeter dans un courant d'eau, qui passe dans des cuves tout ce qui se trouve sur le sol piétiné par les mules : la boue est entraînée par le courant ; le corps formé par le mercure et l'argent reste seul au fond des cuves où on peut le recueillir.

Il faut enfin séparer l'argent du mercure ; pour cela, on chauffe assez fortement cette espèce de pâte ; le mercure disparaît sous l'action de la chaleur, en formant des vapeurs ; et il ne reste plus alors que de l'argent.

RÉSUMÉ.

119, 120, 121. — Qualités de l'argent. — L'argent est un métal blanc qui n'est pas altéré par l'air, même humide, ni par la plupart des corps qui détériorent les autres métaux ; cependant les œufs, la moutarde, le sel et quelques autres corps le noircissent. L'argent s'échauffe très facilement.

122, 123. — Cuivre recouvert d'argent. — L'argent pur peut se tordre très facilement ; il est aussi très facilement rayé : pour augmenter la résistance de l'argent on le mêle avec du cuivre. On peut aussi donner au cuivre les bonnes qualités de l'argent en recouvrant le cuivre d'une mince couche d'argent.

124. — Monnaies. — La grande valeur de l'argent tient surtout à ce qu'on en fait des monnaies auxquelles on attribue une valeur déterminée.

(1) Le mercure ou vif-argent est un métal liquide bien connu, avec lequel on fait des baromètres ou des thermomètres.

125, 126. — Extraction de l'argent. — Quelquefois on trouve dans le sol de l'argent pur, mais presque toujours l'argent est retiré d'un minerai dont il faut l'extraire.

Dans l'Amérique du Sud l'extraction de l'argent se fait en écrasant le minerai et en le mêlant avec de l'eau, du sel, du mercure et du minerai de cuivre. On jette le tout dans un courant d'eau ; l'argent mêlé au mercure forme un corps très lourd qui n'est pas entraîné par l'eau.

Pour séparer l'argent du mercure, il suffit de chauffer le mélange ; l'argent reste seul.

17ᵉ LEÇON.

L'OR.

127. L'or ne s'altère pas à l'air (1). — On sait que l'or est un métal jaune brillant et très lourd. L'or a les mêmes qualités que l'argent; il n'est altéré ni par l'air, ni par l'humidité ; il conserve toujours sa belle couleur jaune; des pièces d'or, ayant passé un grand nombre de siècles sous le sol, ont été retrouvées en parfait état de conservation.

L'or est encore moins altérable que l'argent : ainsi les eaux sulfureuses, les œufs ne le noircissent pas.

On fait en or les objets de même nature que ceux qu'on fait en argent, des boîtiers de montre, des chaînes, des bijoux, tels que bagues, etc. et surtout des monnaies.

De même que l'argent, l'or se raye et se déforme très facilement; on y ajoute du cuivre pour lui donner de la solidité.

Aucun instrument devant avoir une certaine résistance n'est en or ; il serait trop vite usé. Les monnaies, les bijoux, ne sont pas en or pur, mais en un alliage d'or et de cuivre.

128. Pourquoi l'or a une très grande valeur. — Cependant quelques peuples, les Péruviens, par exemple,

(1) Objets utiles pour cette leçon : feuille d'or, objets dorés, pièce de monnaie d'or, objets de bijouterie ou d'horlogerie en or.

---

127. — L'or est-il encore moins altérable que l'argent ?
L'or se déforme-t-il facilement? Se raye-t-il facilement ?
128. — Quelle est la raison de la grande valeur de l'or?
Combien de fois vaut-il plus que l'argent?

qui ne connaissaient pas l'usage du fer, ont pendant long-temps fabriqué en or les ustensiles ordinaires : couteaux, charrues, etc. Dès qu'ils ont eu la connaissance du fer, ils en ont immédiatement apprécié la valeur qu'ils ont trouvée bien plus grande que celle de l'or.

C'est qu'en effet, l'or a, comme l'argent, une valeur de convention qui dépasse beaucoup la valeur réelle des services qu'il nous rend dans l'industrie. C'est son usage pour les monnaies et sa rareté qui le rendent aussi précieux.

Sa valeur est beaucoup plus grande que celle de l'argent; il vaut environ 15 fois et demie plus (1).

129. On fait avec de l'or des lames très minces. — On peut faire avec de l'or des lames beaucoup plus minces que celles que l'on peut faire avec de l'argent. Ces feuilles d'or peuvent être si minces que le moindre courant d'air les enlève comme les plumes les plus légères, et qu'elles ne retombent que très lentement. Et cependant, l'or est très lourd; il pèse 19 fois plus que l'eau. Les feuilles d'or sont transparentes, mais tout ce qu'on voit au travers prend une teinte verte.

Cette grande minceur de l'or permet de l'employer, sans que cela coûte fort cher, dans beaucoup de circonstances; ainsi la dorure des tranches des livres, les titres de ces livres, la couche d'or qu'on met sur les images, etc., est assez mince pour que le prix de ces objets n'en soit pas beaucoup augmenté.

130. Dorure. — Vermeil. — On recouvre d'or les différents métaux, le cuivre, le bronze, etc. ; leur surface de-

---

(1) Tandis qu'un kilogramme d'argent vaut 222 francs, un kilogramme d'or vaut 3.434 francs.

---

129. — Peut-on faire avec l'or des lames très minces ?
A quoi servent ces lames ?
130. — Qu'est-ce que le vermeil ?

vient de la sorte inaltérable et présente les mêmes avantages que si tout l'objet doré était réellement en or; cet objet coûte ainsi beaucoup moins cher et est plus solide.

L'argent recouvert d'or a une grande valeur; on l'appelle le *vermeil*.

131. D'où l'on tire l'or ; comment on l'exploite.

— Aujourd'hui on n'exploite plus les cours d'eau de

Fig. 94. — Cuves avec des boulets que l'on fait tourner et basculer pour écraser les morceaux de roches qui renferment de l'or.

nos pays qui charrient dans leurs eaux des petites paillettes d'or, tels que le Rhin, l'Ariège, parce qu'on a trouvé des gisements beaucoup plus riches.

C'est maintenant d'Australie, de Californie, du Brésil, du Pérou, etc., et aussi de Sibérie que nous arrive l'énorme quantité d'or nécessaire pour la fabrication des monnaies.

---

131. — Citez des cours d'eau d'Europe qui charrient des paillettes d'or.
D'où tire-t-on l'or aujourd'hui?
Comment extrait-on l'or des roches dures dans lesquelles il se trouve?
Comment sépare-t-on l'or du sable?

Dans ces différents pays, on trouve l'or mêlé aux.sables, ou, au contraire, enfermé dans une roche blanche très dure dans laquelle il forme des quantités de petits grains jaunes qu'on nomme *pépites* quand ils sont un peu gros.

Quand l'or est dans la roche, il faut réduire les morceaux de roche en poussière. Pour cela, ces morceaux sont jetés dans des cuves (fig. 94), où arrive un courant d'eau; on fait tourner ces cuves sur elles-mêmes en leur donnant en

Fig. 95. — Pour retirer l'or des sables qui en contiennent, on jette ces sables dans de longues rigoles en bois où l'on fait passer un violent courant d'eau

même temps un mouvement de bascule; dans ces cuves, on met aussi de gros boulets de fonte et du mercure. Les fragments de roche sont bientôt réduits en une poudre qui s'échappe avec l'eau dans les mouvements de bascule de la cuve.

L'or, qui est très lourd, reste au fond avec le mercure auquel il s'allie. On retire ensuite l'alliage d'or et de mercure quand il s'en est formé une quantité suffisante ; on le chauffe et l'on obtient l'or pur.

Quand on a seulement à séparer l'or du sable auquel il se trouve mêlé, on jette simplement ce sable aurifère dans des rigoles en bois très longues et inclinées, et on fait passer dans les rigoles un violent courant d'eau (fig. 95). Le sable est entraîné au loin ; l'or, à cause de son grand poids, reste arrêté dans les rainures du bois, au fond des conduites de bois, et on peut l'y recueillir.

RÉSUMÉ.

127. — Qualités de l'or. — L'or est un métal jaune, encore moins altérable que l'argent ; il sert aux mêmes usages que l'argent.

On ne se sert jamais de l'or pur parce que ce métal ne serait pas assez résistant ; on l'emploie toujours mêlé au cuivre.

128. — Valeur de l'or. — La grande valeur que l'on attribue à l'or vient de son emploi pour les monnaies et de sa rareté.

129, 130. — Utilité de l'or. — On fait avec l'or des lames extrêmement minces qui sont très avantageusement employées pour la dorure.

On augmente beaucoup la valeur de différents métaux en les recouvrant d'une couche mince d'or. L'argent recouvert d'or, nommé vermeil, est tout particulièrement apprécié.

131. — Extraction de l'or. — L'or se trouve enfermé dans des roches très dures que l'on pulvérise ; on jette la poussière de ces roches dans des cuves contenant du mercure et de l'eau ; l'eau entraîne les débris de roche, tandis que l'or, mêlé au mercure, forme un corps très lourd qui reste au fond ; en chauffant ce corps, on obtient l'or pur. Quand l'or se trouve simplement mêlé à des sables, on jette ces sables dans un courant d'eau ; l'or plus lourd se sépare.

18e LEÇON.

LES MONNAIES.

132. Utilité des monnaies (1). — Recevoir d'une personne des objets qui nous sont utiles et rendre à cette personne quelque chose à la place des objets qu'elle nous donne, c'est faire du commerce.

On a longtemps fait le commerce en échangeant les objets utiles les uns contre les autres. Celui qui avait trop de blé, par exemple, en donnait à celui qui n'en avait pas, de celui-ci lui rendait, à la place, des instruments de travail. On comprend combien de difficultés devaient présenter et pareils échanges, et combien il a été avantageux d'imaginer de se servir d'objets d'un petit volume qui aient une valeur déterminée, bien· connue et toujours la même, en échange desquels on puisse se procurer ce dont on a besoin.

Celui qui veut du blé donne à celui qui en a, un certain nombre de ces objets, et celui qui a donné le blé peut avec ces objets se procurer, lorsqu'il veut, les instruments de travail dont il a besoin.

Dans quelques pays, on a attribué une certaine valeur à un poids déterminé d'or et d'argent ; plus l'objet que l'on veut se procurer a de valeur, plus grand est le poids que l'on donne ; mais il faut alors avoir toujours une balance à sa disposition.

(1) Objets utiles pour cette leçon : monnaies d'or, d'argent, de bronze; flans de bronze ; lame où l'on a découpé des flans.

---

132. — Qu'est-ce que faire du commerce ?
Qu'est-ce que les monnaies ?
En quoi les monnaies sont-elles utiles au commerce ?
Quels sont les métaux employés pour faire les monnaies ?

8.

On a trouvé plus simple de fabriquer des objets d'or et d'argent ayant un poids déterminé.

Ces objets d'une valeur déterminée sont les *monnaies*.

Il y a un temps considérable que l'on emploie l'or et l'argent pour fabriquer des monnaies. Plus tard, pour les objets de moindre valeur, on a fait des monnaies en bronze.

Mais il faut être sûr de la valeur de ces monnaies ; on pourrait, en dorant ou en argentant des métaux de peu de valeur, leur donner l'aspect des monnaies d'or et d'argent ; ce serait de la fausse monnaie. C'est pour éviter cet inconvénient, que l'État ne donne à personne le droit de fabriquer des monnaies.

133. Titre des monnaies. Leur poids. — Nous savons que les monnaies ne sont ni en or pur, ni en argent pur ; il faut leur ajouter un peu de cuivre pour les rendre plus solides et les empêcher de s'user trop rapidement. La proportion d'argent ou d'or que renferme le métal avec lequel on fait une monnaie est le *titre* de la monnaie.

Les titres des différentes monnaies d'or et d'argent sont parfaitement déterminés ; ces titres sont contrôlés avec le

Fig. 96. — Monnaies d'argent : pièces de 5 francs, 2 francs, 1 franc, 50 centimes, 20 centimes.

133. — Qu'est-ce que le titre d'une monnaie?

plus grand soin. En outre chaque monnaie doit toujours peser le même poids.

Ainsi deux pièces de monnaie de même valeur doivent toujours avoir le même titre et le même poids.

134. Monnaies d'argent. — Voici les différentes monnaies d'argent françaises (fig. 96) :

La pièce de 5 francs pesant   25 grammes.
   —   2   —   —   10   —
   —   1   —   —   5   —
   —   0 fr. 50 c. —   2,50 —
   —   0 fr. 20 c. —   1   —

135. Monnaies d'or. — Les monnaies d'or employées en France sont :

La pièce de 20 francs ;
La pièce de 10 francs ;
La pièce de 5 francs.

On a adopté pour l'or une valeur quinze fois et demie plus grande que celle de l'argent.

Chacune de ces pièces pèse donc quinze fois et demie moins que si elle était en argent.

Fig. 97. — Monnaies d'or : pièces de 20 francs, 10 francs, 5 francs.

136. Monnaies de bronze. — Pour rendre la monnaie de bronze moins lourde à porter, on lui a donné une valeur plus grande que celle du bronze lui-même, c'est-à-dire que tandis qu'on admet que dans une pièce de 5 francs en argent, il y a 5 francs d'argent et que dans une pièce d'or de

---

134. — Quelles sont les différentes monnaies d'argent?
Combien pèse chacune de ces monnaies ?
135. — Quelles sont les différentes monnaies d'or?
136. — Dans une pièce de 10 centimes y a t-il la valeur de 10 centimes de bronze ?
Quelles sont les différentes monnaies de bronze?

5 francs, il y a 5 francs d'or, dans la pièce de 10 centimes il y a moins de 10 centimes de bronze.

Les monnaies de bronze (fig. 98) sont :

Fig. 98. — Monnaies de bronze : pièces de 10 centimes, 5 centimes, 2 centimes, 1 centime.

La pièce de 10 centimes qui pèse 10 grammes.
   —   5   —   —   5   —
   —   2   —   —   2   —
   —   1   —   —   1   —

137. Comment on fabrique les monnaies; flans.

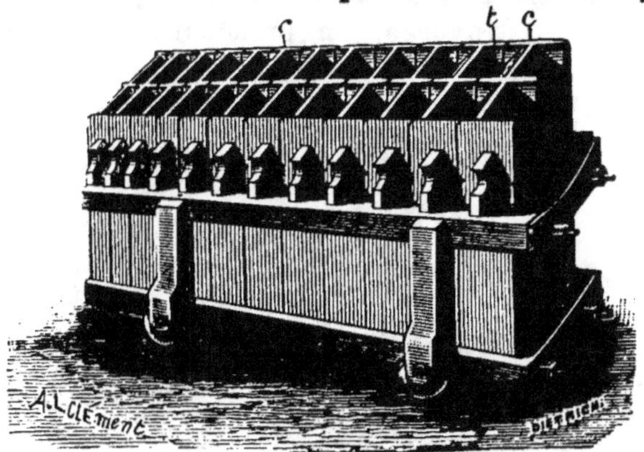

Fig. 99. — On coule le métal qui doit former les monnaies dans les cases *t* placées entre les plaques de fonte *c c*.

---

137. — Quelle forme donne-t-on d'abord aux métaux avant d'en faire des monnaies ?
Qu'est-ce qu'un flan ?
Comment le fabrique-t-on ?

— Les métaux, alliés dans la proportion voulue, sont coulés dans des vases nommés lingotières (fig. 99) où les alliages prennent la forme de lames épaisses.

Ces cases sont formées de plaques de fonte (*c'*, fig. 100) et *c, c,* fig. 99), et c'est entre ces plaques de fonte que se répand le métal fondu, en *t* (fig. 99). Les lames, ainsi faites, qui sont plus épaisses que les monnaies qu'elles doivent former, sont amincies par leur passage dans un laminoir, c'est-à-dire entre deux cylindres de fonte très rapprochés et tournant en sens inverse l'un de l'autre (voyez plus haut fig. 65).

On fait ensuite glisser les lames L (*fig.* 101) entre deux masses de fonte CC'; ces masses sont percées d'un creux au milieu et dans ce creux peut tomber avec une grande force une tige T en acier. La tige d'acier ren-

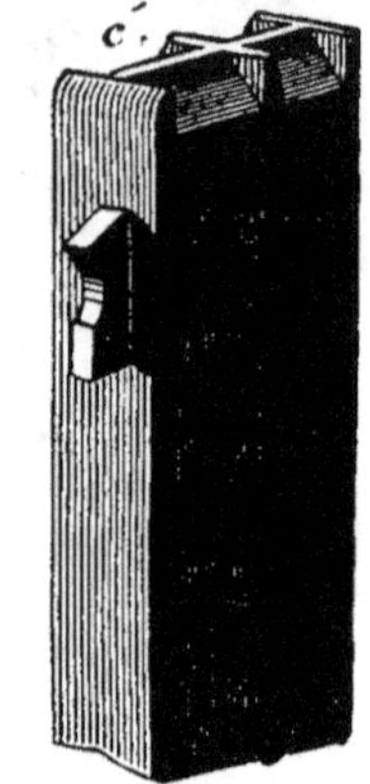

Fig. 100. — Une des plaques de fonte qui séparent les cases de la lingotière.

contre la lame L, la traverse, en arrachant un disque F, nommé *flan*, qui tombe (fig. 102).

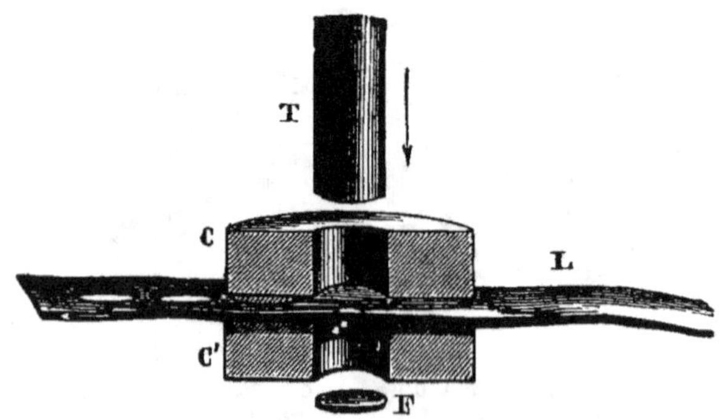

Fig. 101. — Machine pour découper les flans. La tige d'acier T tombe avec une grande force sur la lame L retenue entre les masses C, C' et y découpe un flan F.

138. Comment on frappe les flans pour faire les monnaies.

— C'est avec ces flans, dont l'un est représenté figure 102, qu'on va faire une pièce de monnaie.

Fig. 102. — Flan qu'il ne reste plus qu'à frapper
pour faire une monnaie.

Pour cela, on se sert de la presse à frapper (fig. 103). Les flans sont mis dans une boîte A. Un ouvrier en fait une pile régulière qu'il laisse tomber dans un tube B ; on met la machine en mouvement, et l'on voit une grosse masse d'acier (au milieu de la figure) qui s'élève et s'abaisse régulièrement. Sous cette masse d'acier est le moule en creux de la pièce que l'on veut faire. La machine est disposée de telle manière que les pièces jetées dans le tube B, viennent l'une après l'autre tomber sous la masse d'acier.

Chaque pièce, au moment où elle va recevoir le choc, repose sur une autre masse d'acier qui porte le moule en creux de l'autre côté de la pièce. De cette façon, quand la masse d'acier vient tomber sur le flan, celui-ci prend, sur les deux faces à la fois, les reliefs que doivent avoir les deux faces de la pièce.

Quand les pièces ont été ainsi frappées, elles viennent les unes après les autres tomber en C (fig. 103), où on les recueille dans un vase D.

Quand toutes les pièces, mises par l'ouvrier dans le tube B, ont été frappées, la machine s'arrête d'elle-même ;

---

138. — Comment est faite la presse à frapper les monnaies ?
Comment frappe-t-on les flans pour en faire des monnaies ?

l'ouvrier est ainsi prévenu qu'il faut de nouveau mettre dans le tube B une nouvelle pile de flans, et ainsi de suite.

Fig. 103. — Presse à frapper les monnaies. — Les flans pris en A par l'ouvrier, sont jetés en pile dans le tube B; ils ressortent en C à l'état de pièces de monnaie.

RÉSUMÉ.

132. Utilité des monnaies. — Les *monnaies* sont des pièces en métal d'une valeur déterminée qui servent à faciliter l'échange des objets.

L'État seul peut fabriquer des monnaies.

133. Titre et poids des monnaies. — Les monnaies sont toutes des alliages. Une monnaie de la même valeur doit toujours avoir le même poids et le même *titre*. Le titre, c'est la proportion d'argent ou d'or que renferme la pièce. Pour les monnaies de bronze c'est la proportion de l'alliage.

134 à 136. Monnaies d'or, d'argent, de bronze. — Les monnaies d'or les plus employées sont les pièces de 20 fr., 10 fr. et 5 fr. Les monnaies d'argent sont les pièces de 5 fr., 2 fr., 1 fr., 50 c. et 20 c. Les monnaies de bronze sont les pièces de 10 c., 5 c., 2 c., 1 c.

137, 138. Fabrication des monnaies. — Pour fabriquer une monnaie, on coule l'alliage dans des cases en fonte. On forme aussi des lames épaisses qui sont passées au laminoir et transformées en lames ayant l'épaisseur des monnaies. Dans ces lames, une machine découpe de petits disques appelés *flans*, qui ont les dimensions des pièces de monnaie. On frappe ces flans avec la presse à frapper et on a ainsi les pièces de monnaie.

LES MATÉRIAUX DE CONSTRUCTION.
FONDATIONS ET MURS.

139. Une maison doit reposer sur des fondations (1).—Les maisons que nous habitons ne sont pas simplement posées sur le sol, elles ne seraient pas assez solides ; l'eau des pluies entraînerait la terre sur laquelle seraient placés les murs ; la maison ne tarderait pas à tomber en ruines ; de plus, l'eau qui est dans le sol rendrait cette maison très humide.

Ce n'est que dans quelques villages des pays de montagnes, où le sol est formé par de la pierre, que l'on bâtit directement les maisons sur le roc.

Une maison, pour être saine et solide, doit donc reposer sur des constructions faites au-dessous de la surface du sol et qu'on appelle les *fondations* de la maison.

140. Comment on bâtit les fondations d'une maison. — Aussi, quand on veut bâtir une maison, la première chose que l'on fait, c'est de former un grand creux bien régulier, de la largeur et de la longueur que doit avoir

____

(1) Objets utiles pour cette leçon : Pierre à chaux, vinaigre, morceau de chaux vive, de chaux éteinte, argile, sable, béton, morceau de pierre à bâtir, de meulière, de brique.

---

139. — Les maisons sont-elles simplement posées sur le sol ?
Pourquoi ne le sont-elles pas ?
Qu'est-ce que les fondations d'une maison ?
140. — Comment fait-on pour bâtir les fondations d'une maison ?
Qu'étend on au fond du creux qu'on a formé dans le sol ?

la maison. Quand le trou est assez profond, on commence à bâtir des murs sur le fond, tout autour de ce trou : ce sont là les fondations de la maison.

Bien souvent, pour donner à ces fondations une plus grande solidité et aussi pour rendre la cave moins humide, on répand, sur tout le fond du trou, une couche assez épaisse d'une substance qu'on appelle *béton*.

141. Ce que c'est que le béton.

— Qu'est-ce donc que le béton? C'est un mélange de *chaux*, d'*argile* et de *sable*, avec de petites pierres, auquel on ajoute de l'eau; ce mélange forme une sorte de pâte quand il vient d'être fait. On l'étend alors sur le sol ; mais il se solidifie assez vite et forme bien-tôt une seule masse très dure, qui a la force suffisante pour supporter les murs de la maison.

Nous venons de dire que ce mélange qui constitue le béton est fabriqué avec de la chaux, de l'argile et du sable. Étudions ces trois matériaux, en commençant par la chaux.

142. Comment on fabrique la chaux.

— Pour obtenir la chaux, il suffit

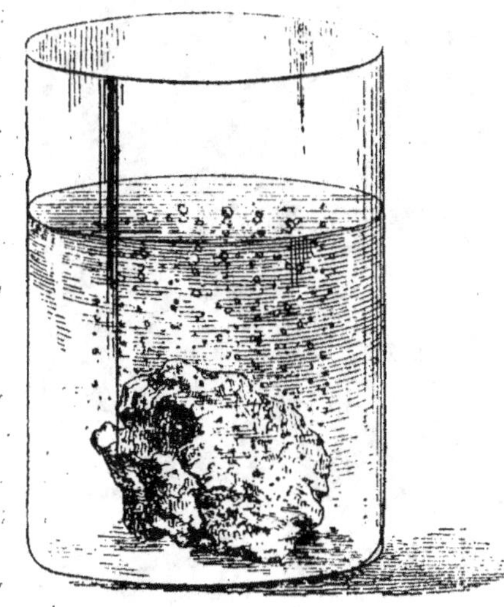

Fig. 104. — La pierre à chaux forme des bulles lorsqu'on la met dans du vinaigre.

---

141. — De quoi est composé le béton?
Est-il dur au moment où l'on s'en sert?
Que devient-il au bout de peu de temps ?
142. — Avec quelle pierre fabrique-t-on la chaux ?
Où trouve-t-on la pierre à chaux?
Comment fabrique-t-on la chaux ?

de chauffer fortement certaines pierres qui sont faciles à reconnaître, parce que, lorsqu'on en met un petit morceau dans du vinaigre, il se produit beaucoup de petites bulles (fig. 104). Ce sont des *pierres à chaux*.

L'une de ces pierres à chaux, très répandue dans beaucoup de parties de la France, est celle dont nous nous servons pour écrire au tableau ; c'est la craie. C'est, nous le savons, une pierre très molle, qui s'écrase facilement.

On retire la pierre à chaux, telle que la craie par exemple, dans des *carrières* (fig. 105), c'est-à-dire que l'on exploite la pierre en faisant un grand trou dans le sol et en

Fig. 105. — Carrière de pierre à chaux. On voit à gauche l'entrée d'une galerie souterraine.

plein air, ou bien, au contraire, en creusant des chemins souterrains, des *galeries*.

Pour faire de la chaux, on chauffe la pierre à chaux dans des fours (fig. 106). Ces fours sont ordinairement construits en briques (voy. § **149**). Par une grande ouverture, située sur le côté *I* (fig. 106), on peut retirer la chaux quand elle est formée ; une autre ouverture F, située en bas, sert à amener l'air qui doit entretenir le feu.

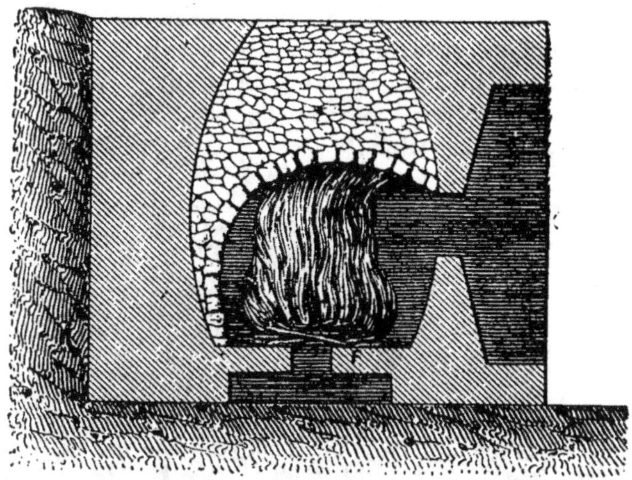

Fig. 106. — On fabrique la chaux en chauffant la pierre à chaux dans des fours.

Pour remplir le four, on construit une voûte de pierre à chaux au-dessus du foyer où l'on brûlera du bois ou du charbon ; on achève de remplir le four en entassant les pierres au-dessus de la voûte.

On allume le feu, quand le four est rempli ; lorsque la cuisson est achevée, on démolit la voûte par-dessous, et l'on retire la chaux par l'ouverture placée de côté.

143. Chaux vive, chaux éteinte. — La chaux est une substance blanche, qui ne fait plus dégager de bulles sous l'action du vinaigre ; on l'appelle de la *chaux vive* ; il faut se garder de la toucher même lorsqu'elle est

---

143. — Qu'est-ce que la chaux vive ?
Comment éteint-on la chaux ?

complètement refroidie, car elle brûlerait très dangereusement les doigts.

Si l'on jette de l'eau dessus, les morceaux de chaux vive se fendent de tous côtés, se gonflent et finissent par tomber en poussière. C'est alors de la chaux éteinte. Pour éteindre ainsi la chaux, les ouvriers forment avec du sable une espèce de bassin, y jettent des blocs de chaux vive, puis arrosent cette chaux vive avec de l'eau (fig. 107) ; la chaux forme alors une pâte laiteuse.

Fig. 107. — Ouvriers jetant de l'eau sur la chaux vive pour faire de la chaux éteinte.

144. Ce que c'est que l'argile et le sable. — L'argile est une terre qui ressemble beaucoup à la terre que

---

144. — Qu'est-ce que l'argile ?
Où la trouve-t-on ?
Qu'est-ce que le sable ?

nous voyons dans les champs, mais qui est beaucoup plus douce au toucher, qui est beaucoup plus compacte, et qui, lorsqu'on y met de l'eau, fait pâte et peut se pétrir entre les doigts. L'argile s'exploite dans des carrières tantôt près de la surface du sol, tantôt à de grandes profondeurs (fig. 108).

Fig. 108. — Carrière d'argile (en bas) et de pierres à bâtir (en haut), aux environs de Paris.

Le *sable* qu'on trouve dans toutes nos rivières et qu'on exploite aussi dans des carrières, est composé d'une masse de pierres extrêmement petites et très dures.

145. Comment on fait le béton. — Si maintenant nous prenons de la chaux, de l'argile, du sable, et que nous ajoutions des morceaux de pierres cassées, puis que nous

---

145. — Comment fait-on le béton ?

mêlions tout cela en y versant de l'eau, quand le mélange sera complètement fait, nous aurons fabriqué du béton, qui rapidement deviendra très solide, même sous l'eau.

146. Avec quelles pierres on fait les fondations d'une maison. — Peut-on se servir de n'importe quelles pierres, pour construire la partie de la maison qui est au-dessous de la surface du sol ? Non, car certaines qualités sont nécessaires à ces pierres. Il faut d'abord qu'elles soient bien solides, bien résistantes, puisqu'elles doivent supporter le poids de toute la maison. Il faut aussi que l'humidité n'ait pas trop d'action sur elles ; beaucoup de pierres, en effet, sont amollies et détériorées par l'humidité constante du sol.

Fig. 109. — Un morceau de meulière, pierre qui sert à faire les fondations des maisons, à Paris.

La pierre dont on se sert à Paris pour cet usage, est la *meulière* (fig. 109). C'est une pierre assez dure pour rayer le verre ; elle est remplie de cavités qui la rendent légère. L'humidité du sol ne la détériore presque pas.

---

146. — Quelles pierres faut-il choisir pour construire les fondations d'une maison ?
Avec quelles pierres construit-on les fondations des maisons à Paris ?

La meulière s'exploite presque sur tous les coteaux élevés qui environnent Paris.

Le grès, dont on se sert pour paver beaucoup de villes du Centre et du Nord, convient aussi lorsqu'il peut se tailler sans trop de peine pour construire des fondations ; ce grès se compose de petits grains de sable réunis entre eux par une substance très dure.

Fig. 110. — Rochers de grès.

Le grès se retire du sol dans des carrières ; souvent aussi on le trouve à la surface du sol où il forme de gros blocs de rochers (fig. 110) (1).

(1) La brique bien cuite est employée pour les fondations dans les pays où il n'y pas de meulière.

Dans beaucoup de ruines datant des Romains, on trouve, en effet, des briques qui sont encore dans un parfait état de conservation, malgré le temps énorme depuis lequel elles sont sous terre.

147. Mortier.—Mais il ne suffit pas d'empiler les pierres les unes sur les autres pour faire un mur ; il faut que les pierres soient bien unies entre elles pour que ce mur soit solide, et que l'eau ou l'air ne puisse pas passer au travers.

On met entre les pierres un mélange de chaux et de sable, qu'on nomme *mortier*. Le mortier durcit toujours de plus en plus ; il devient extrêmement dur dans les constructions très anciennes.

Pour faire du mortier, les ouvriers mélangent du sable avec la chaux qu'ils éteignent (voy. fig. 107).

148. Pierres de taille. — Si la maison est grande et doit avoir plusieurs étages, on fait ordinairement les murs en pierres dites *pierres de taille* (voyez P, fig. 115).

Les pierres de taille sont des pierres calcaires, qu'on exploite dans des carrières ouvertes (voyez fig. 108), quand elles ne sont pas trop profondément situées dans le sol. Lorsque ces pierres sont à une grande profondeur, on les exploite dans des galeries souterraines, dont on les retire par des puits ; on attache ces pierres à une grosse corde, qui s'enroule en dehors du puits autour d'un gros morceau de bois (fig. 111). A ce morceau de bois est fixée une grande roue, que les ouvriers peuvent faire tourner en montant sur les échelons qui y sont placés. A mesure que la roue tourne, la corde s'enroule et la pierre, qui est attachée à la corde, monte. Les gros blocs qui sortent de la carrière sont généralement assez mous, ils deviennent durs en restant exposés à l'air. Ces blocs sont sciés, puis plus tard taillés au marteau.

---

147 — Qu'est-ce que le mortier ?
Le mortier est-il dur au moment où on l'emploie ?
Que devient-il au bout de quelque temps?
Comment fait-on le mortier ?
148. — Qu'est-ce que les pierres de taille ?
Où les trouve-t-on ?
Comment les retire-t-on du sol ?
Comment est faite la pierre de taille qui sert à construire les maisons de Paris ?

L'aspect des diverses pierres de taille est assez différent. La pierre dont on se sert à Paris est criblée d'une masse

Fig. 111. — Roue pour retirer du sol les pierres de taille.

de petits trous, qui sont des empreintes de petites coquilles (fig. 112).

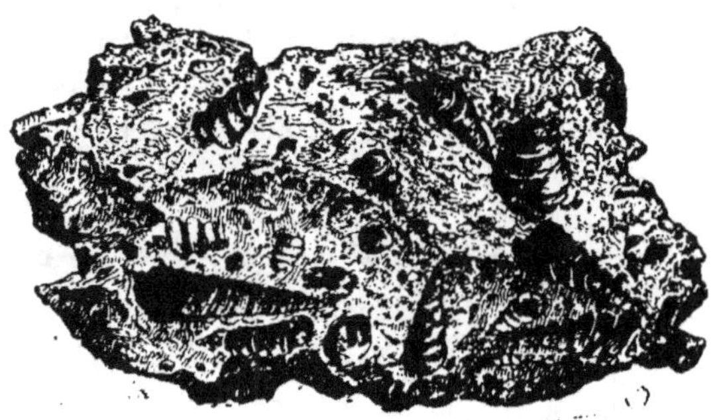

Fig. 112. — Un morceau d'une pierre de taille de Paris.

149. Briques. — L'argile (§ **144**) devient dure lorsqu'on la chauffe, c'est alors de la *brique*. Dans les pays où la pierre est rare, on fait les murs en briques.

Pour faire une brique, on mêle de l'eau à de l'argile, on forme une pâte que l'on pétrit ; quand le mélange d'argile et d'eau est bien fait, on prend une masse A de cett. pâte (fig. 113) et on la jette dans le moule *m*, puis on fait passe₁

Fig. 113. — m, moule à briques ; A, argile humide ; *l*, lame qu'on passe au-dessus du moule ; B, brique moulée.

sur le moule une lame de bois *l* qui enlève la partie de la pâte qui dépasse le moule ; on renverse ensuite le moule et l'on forme ainsi une brique B. On fait sécher cette brique, puis quand elle est sèche on la fait cuire. Elle devient alors rouge et très dure, et elle est bonne pour les constructions. Les briques ne sont pas altérées par la chaleur, aussi on construit en briques les parties de la maison qui avoisinent les cheminées (voy. plus loin B, fig. 121).

150. Murs faits en pierres de toutes formes ; murs en torchis ; murs en bois. — Lorsque les pierres

---

149. — Qu'est-ce que la brique ?
Comment fait-on les briques ?
150. — Comment fait-on les murs en pierres ordinaires ?
Comment fait-on les murs en torchis ?
Sont-ce de bonnes constructions ?

à bâtir ne sont pas assez grandes pour être sciées, on les taille grossièrement et elles forment les *moellons* (voy. fig. 115). On fait aussi les murs de maison en blocs de pierres de toutes formes, réunis par du mortier ; on recouvre généralement tout le mur ainsi formé d'une couche épaisse de mortier qui rend la surface du mur parfaitement régulière.

Fig. 114. — Murs en torchis. — A droite : mur en terre mêlée de paille. A gauche : mur de la maison, en terre mêlée de lattes de bois.

Dans les campagnes, les murs des maisons sont assez souvent simplement construits en argile mêlée à de la paille pour lui donner un peu plus de consistance ; c'est ce qu'on appelle le *torchis* (fig. 114). On y ajoute quelquefois des lames de bois (fig. 114, à gauche) qui servent à fixer un peu plus ces matériaux de si mauvaise qualité. De pareilles murailles sont bien peu solides.

Dans les pays boisés où la pierre est rare ou difficile à tailler, on fait des maisons qui ont les murs en bois ; par exemple, en Suède, en Russie et dans les Alpes (voyez fig. 123).

La figure suivante montre l'emploi des divers matériaux dans une maison en construction à Paris.

Fig. 115. — Une maison en construction, à Paris; — M, mur en meulière près du sol; P, mur en pierres de taille sur la façade ; m, mur en moellons b, b, briques ; F, F, charpentes en fer; c, colonne en fer; E, T, échafaudages.

RÉSUMÉ.

139 à 146. Fondations d'une maison. — Une maison ne serait pas assez solide si les murs étaient simplement posés sur le sol, elle doit reposer sur des *fondations*.

Pour construire les fondations, on forme dans le sol un grand creux, sur le fond duquel on étend souvent une couche de béton (mélange d'argile, de chaux, de sable et de petites pierres).

Sur ce fond en béton, ou plus simplement sur le fond du creux, on élève les murs des fondations, qui doivent être faites avec des matériaux ne s'altérant pas par l'humidité, tels que la pierre meulière, le grès ou les briques.

147 à 150. Murs. — Les murs sont le plus souvent faits en pierres ou en briques reliées entre elles avec du *mortier*.

Le mortier est un mélange de chaux éteinte et de sable. Il durcit au bout d'un certain temps et réunit solidement entre elles les pierres ou les briques.

La *chaux* qui sert à faire le mortier se fabrique en chauffant dans des fours la *pierre à chaux* qu'on trouve dans le sol.

On fait aussi quelquefois des murs en torchis (terre mêlée de paille) ou dans quelques pays des murs en bois.

CHARPENTE, TOITURE ET INTÉRIEUR D'UNE MAISON.

151. Charpente (1). — Voici les fondations et les murs construits. Il faut encore sur les murs de la maison fixer les parties qui doivent soutenir les divers étages et le toit, ce qu'on appelle la *charpente*.

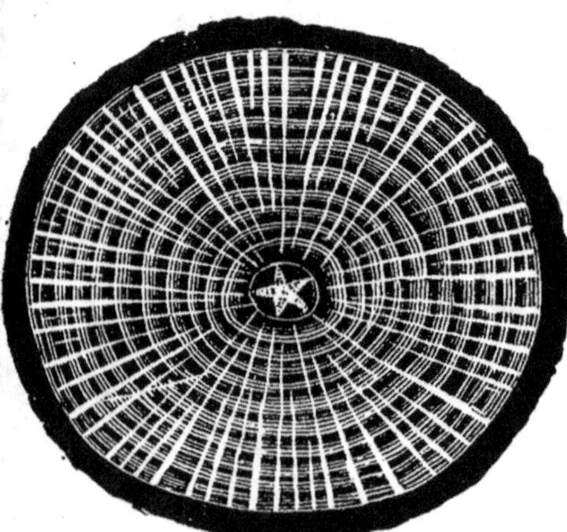

Fig. 116. — Bois de chêne.

On se sert ordinairement de poutres, c'est-à-dire de grands arbres que l'on a abattus, dont on a retiré l'écorce, et auxquels on a donné avec la hache une forme régulière.

Les poutres vont d'un mur à l'autre, et de leur solidité dépend la solidité de la maison. Aussi n'est-il pas indifférent de se servir d'un bois plutôt que d'un autre ; les bois très compacts

(1) Objets utiles à cette leçon : bûchettes de bois de chêne et de pin, morceau d'ardoise, tuile, lame de zinc ou de tôle, pierre à plâtre, morceau de marbre. Les portes et les fenêtres, le plancher ou le carrelage de la classe, etc., serviront de *choses* pour la leçon.

---

151. — Qu'est-ce que la charpente ?
Citez de bons bois de construction.
Le pin est-il un très bon bois de construction ?
Comment fait-on les planches ?

comme ceux du chêne (fig. 116), de l'orme, du châtaignier, sont d'excellents bois de construction, qui se conservent très longtemps.

Le pin, au contraire (fig. 117), le peuplier, dont le bois est beaucoup moins dur, ont moins de valeur pour les constructions ; ils sont cependant très employés parce qu'ils sont bien meilleur marché. On se sert surtout du bois de pin pour faire les échafaudages (voyez E, T, fig. 115) qui servent aux ouvriers pour s'élever peu à peu contre les murs pendant qu'ils construisent la maison.

Fig. 117. — Bois de pin.

Ces différents bois sont employés pour faire des planches : on fixe une poutre (fig. 118) sur deux supports élevés; et deux ouvriers, nommés *scieurs de long*, scient l'arbre dans le sens de la longueur, et le débitent en planches.

152. Charpentes en fer. — Dans les constructions des villes, surtout pour les maisons de grande dimension, on emploie maintenant de préférence les charpentes en fer (FF, fig. 115). Ces charpentes durent incomparablement plus que celles en bois et ont le grand avantage de ne pas entretenir le feu en cas d'incendie. On emploie également le fer en colonnes (*c*, fig. 115) pour soutenir les étages. Ces colonnes sont très solides et occupent fort peu de place.

---

152. — Quel métal emploie-t-on pour faire des charpentes?
Quel est l'avantage des charpentes en fer?
Quel est l'avantage des colonnes en fer?

153. Comment on recouvre une maison. — Voici
les murs élevés et les charpentes placées. Il faut main-

Fig. 118. — On scie les arbres en long pour faire les planches ou .es
pièces de charpente.

tenant construire la toiture qui doit abriter la maison contre
la pluie. On peut recouvrir une maison de plusieurs manières.

---

153. — Qu'est-ce que les ardoises?
Comment fait-on une toiture en ardoises?
Qu'est-ce que les tuiles?
Comment fait-on les toitures en tuiles?
Quel est l'inconvénient des tuiles?
Quels sont les métaux qu'on emploie pour faire les toitures?
Qu'est-ce que le chaume?

La plupart des maisons du nord et du centre de la France sont recouvertes en *ardoises*.

Les ardoises sont des pierres qu'on trouve surtout dans la vallée de la Meuse et près d'Angers. Ces pierres ont l'avantage de se laisser facilement fendre dans un sens, de sorte qu'on peut les tailler en lames très minces.

Au-dessus de la maison, on fait une charpente (fig. 119)

Fig. 119. — Toiture en ardoises. — *l*, petites planches placées sur la charpente de la toiture; *a*, ardoises clouées sur ces petites planches.

ayant une grande inclinaison ; sur cette charpente on fixe un grand nombre de petites planches *l*, et sur ces planches on cloue les ardoises *a*.

Les ardoises se conservent longtemps ; celles d'Angers peuvent rester vingt ans sans être renouvelées, celles de la Meuse sont bien meilleures et durent environ deux cents ans. Les ardoises sont très légères et ne surchargent pas du tout la maison.

Les *tuiles*, dont on se sert aussi beaucoup, surtout dans le midi de la France (fig. 120), ont l'inconvénient d'être très

Fig. 120. — Toiture en tuiles. — T, tuiles du faîte ; *t*, tuiles se recouvrant les unes les autres placées sur les petites lattes *l* ; G, gouttière en zinc; C, tuyau.

lourdes. Les tuiles se fabriquent comme les briques ; les moules ont seulement une forme différente.

On recouvre aussi très souvent les maisons dans les

Fig. 121. — Toiture en métal. — T, plaques de métal ; M, mur en moellons B, partie du mur qui touche la cheminée et qui est construite en briques.

villes avec de grandes lames de fer qu'on appelle de la *tôle*. On empêche le fer de s'altérer à l'air, de se rouiller, en le recouvrant d'une mince couche d'un autre métal, zinc ou plomb, qui le conserve complètement; on emploie aussi des lames entièrement en zinc (fig. 121) ou entièrement en plomb. Ces couvertures métalliques sont également très légères.

Enfin dans les villages, on emploie souvent la paille pour couvrir les maisons; on forme ce qu'on appelle des toits de *chaume* (fig. 122), qui ont fait donner le nom de chau-

Fig. 122. — Le toit de chaume est fait avec de la paille.

mières aux maisons, généralement pauvres, qui sont ainsi recouvertes. La couverture en chaume est très chaude et garantit bien de l'humidité, mais elle est un grand danger en cas d'incendie.

Dans les pays où le bois est abondant et où les matériaux de construction sont rares ou difficiles à travailler on recouvre les maisons avec des planches de bois. On construit souvent de ces toitures en bois dans les montagnes (fig. 123).

154. Gouttières. — Lorsqu'il pleut, l'eau qui tombe sur les toits s'écoule par tous les bords. Elle peut aussi tomber sur les murs ou au bas de la maison et éclabousser le rebord des fenêtres et le pas de la porte.

Pour éviter ces inconvénients, on la recueille dans des gouttières en zinc (G, fig. 120), d'où elle est conduite en bas de la maison ou dans une citerne par les tuyaux C.

Fig. 123. — Chalet à toiture en bois.

155. Plâtre. — Pierre à plâtre. — Pour rendre les murs et les plafonds d'une maison bien unis, on les recouvre de plâtre.

Le plâtre ne se trouve pas tout fait dans la nature ; il faut le fabriquer.

Pour cela on se sert d'une pierre, très répandue aux en-

---

154. — Comment fait-on les gouttières ?
155. — Comment rend-on bien unis les murs et les plafonds d'une maison ?
Trouve-t-on le plâtre à l'état naturel ?
Qu'est-ce que la pierre à plâtre ?

virons de Paris, qu'on exploite dans des carrières, c'est la *pierre à plâtre*. Cette pierre est blanchâtre, et se présente très souvent sous l'aspect d'un fer de lance (fig. 124), elle est presque transparente. Si on la chauffe, elle devient toute blanche; c'est le *plâtre*.

Fig. 124. — Pierre à plâtre en fer de lance

156. Fabrication du plâtre. — On fait du plâtre avec la pierre à plâtre, à peu près comme on fait de la chaux avec la pierre à chaux ; on dispose la pierre à plâtre dans de grands fours (fig. 125), et on la fait chauffer ; au bout d'un certain temps la cuisson est suffisante : la pierre à plâtre s'est transformée en plâtre. Ce plâtre est alors broyé dans un moulin et mis dans des sacs; c'est ainsi qu'il est livré au commerce.

157. Emploi du plâtre. — C'est du plâtre qu'on se sert pour donner aux murs et aux plafonds de nos chambres une surface bien unie.

Pour cela, on met un peu d'eau dans le plâtre, c'est ce qu'on appelle gâcher du plâtre; il se forme une pâte que l'on étend sur les murs ou sur le plafond, et qu'on étale bien régulièrement. Cette pâte a la propriété de durcir très rapi-

---

156. — Comment fabrique-t-on le plâtre ?
157. — Qu'est-ce que gâcher le plâtre ?
Comment emploie-t-on le plâtre ?
Durcit-il rapidement ?

dement; quelques instants après qu'on l'a étendue, elle est déjà très ferme.

Fig. 125. — Four à plâtre.

158. On recouvre les murs de papier. — Cependant

158. — Pourquoi colle-t-on ordinairement du papier sur les murs ?
Pourquoi n'en met-on pas sur le plafond ?

la couche de plâtre bien uni, qui recouvre les murs, n'est jamais assez résistante pour que le frottement de quelque chose d'un peu dur, comme une chaise ou un meuble quelconque, ne puisse l'entamer ; il y aurait donc bientôt des quantités de raies marquées sur les murs ; de plus, ces murs, d'abord très blancs, ne tarderaient pas à être salis, et comme l'eau détériore le plâtre, on ne pourrait pas les laver.

C'est pour éviter ces inconvénients que l'on colle ordinairement du papier sur les murs. Ce papier protège le plâtre, et quand il est déchiré ou sali, on l'enlève pour en coller un autre. Le plafond que les meubles ne touchent pas n'a pas besoin d'être ainsi protégé : aussi on y laisse ordinairement le plâtre à nu ; il est même préférable de lui laisser cette teinte blanche, qui rend la chambre plus claire.

Sans parler de son utilité, le papier que l'on colle sur les murs, par les teintes qu'on lui donne, par les dessins qui y sont représentés, rend plus agréable l'aspect de la chambre.

159. Comment est formé le sol des chambres. — On peut former de deux manières différentes le sol des chambres. On peut carreler une pièce, c'est-à-dire placer les uns à côté des autres des carreaux en brique ou en pierre ; mais ces carreaux pèsent beaucoup, et de plus ils sont très froids ; dans une pièce carrelée, on a souvent froid aux pieds, en hiver.

Il vaut mieux employer un plancher, c'est-à-dire former le sol de la chambre avec des planches placées bien exactement à côté les unes des autres. Un plancher n'est jamais très lourd et rend la chambre plus chaude. C'est aussi en planches que l'on fait presque toujours les escaliers. On recouvre souvent le carrelage ou le plancher d'une couche de peinture ou de cire. En lavant de temps en temps cette

159. — Qu'est-ce que carreler une pièce ?
Comment sont faits les carreaux ?
Comment fait-on en plancher ?

peinture et en renouvelant souvent la couche de cire, le sol de la chambre se conserve en bon état.

160. En quoi sont les cheminées. — La partie de la cheminée qui est dans la chambre est ordinairement recouverte avec une pierre compacte, dont la surface est bien polie ; c'est presque toujours du marbre (fig. 126) que l'on

Fig. 126. — Morceau de marbre.

emploie, c'est-à-dire une pierre calcaire qui peut se polir. Il y a des marbres à aspects très différents ; quelques-uns ont une très grande valeur, et contribuent beaucoup à l'ornementation d'une chambre.

Il peut tomber devant la cheminée quelques morceaux de bois enflammé ou de charbon incandescent ; cela pourrait mettre le feu au plancher et par suite à la maison ; aussi étend-on devant la cheminée une grande dalle de marbre.

---

160. — En quoi sont faites les cheminées ?
Qu'est-ce que le marbre ?

161. Portes. — Fenêtres. — Vitres. — Les ouvertures d'une chambre doivent être tantôt ouvertes, tantôt fermées: Les portes sont formées de planches, les fenêtres sont composées de vitres enchâssées dans des cadres de bois. Les espagnolettes qui ferment les fenêtres, les serrures qui ferment les portes, sont en fer.

Le verre dont on se sert pour faire les vitres n'est pas un produit naturel, il faut le fabriquer; on l'obtient en faisant très fortement chauffer du sable bien blanc avec quelques autres substances.

162. Tuyaux de plomb. — Quand on veut avoir de l'eau dans une maison, on l'y amène par des tuyaux de plomb que l'on enfonce dans le sol (voyez plus haut § **92** et fig. 79); puis une fois qu'ils sont dans la maison, on les distribue, (fig. 127) dans les différentes pièces où l'on veut avoir de l'eau.

Fig. 127. — Jonction de tuyaux en plomb qui se distribuent dans les appartements d'une maison pour conduire l'eau ou le gaz.

On fait de même pour les tuyaux qui doivent amener le gaz.

Ces tuyaux à eau ou à gaz sont toujours munis de robinets en cuivre.

163. Peintures. — Si le bois des portes et des fenêtres

était abandonné à lui-même, il ne tarderait pas à se salir beaucoup et à se détériorer; le fer aussi se détériorerait bien vite.

C'est pour éviter ces invénients, que l'on recouvre d'une couche de peinture la plupart des boiseries et les objets en fer (voyez fig. 61) qui servent à former une maison; cette précaution est surtout nécessaire pour les objets qui sont à l'extérieur de la maison.

Ce n'est donc pas seulement pour orner la maison, mais surtout pour la conserver, qu'on la couvre de peinture.

RÉSUMÉ.

151, 152. Charpentes. — Pour soutenir les différents étages et la toiture d'une maison, il faut des pièces solides qui relient les murs les uns aux autres, ce sont les *charpentes*.

On fait les charpentes en bois ou en fer; les charpentes en bois doivent être en bois dur résistant (chêne, orme, châtaignier, etc.); on se sert plutôt du bois de pin ou de sapin, qui est très léger, pour faire les échafaudages qu'on établit autour des murs pendant la construction de la maison.

Les charpentes en fer ont l'avantage de ne pas brûler, en cas d'incendie.

153, 154. Toiture de la maison. — Lorsque la charpente qui doit soutenir la toiture de la maison est établie, on la recouvre ordinairement soit d'*ardoises*, soit de *tuiles*, soit de *plaques de métal*.

Les ardoises sont taillées dans une sorte de roche qui se sépare facilement en lames, les tuiles sont fabriquées avec de l'argile cuite, les plaques de métal qu'on emploie sont du zinc, du plomb ou de la tôle plombée.

155 à 157. Plâtre. — On rend unie la surface des murs et des plafonds avec du *plâtre*. Le plâtre se fabrique en chauffant la pierre à plâtre qu'on exploite dans les carrières. On réduit le plâtre en poudre et on le conserve dans un endroit sec. Pour l'employer, on gâche cette poudre avec de l'eau, en formant ainsi une pâte qui durcit vite.

158 à 163. Papiers, cheminées, portes et fenêtres,

peinture, etc. — Une fois la toiture posée, le plâtre étendu sur les murs et les plafonds, on s'occupe de placer les portes et les fenêtres qui sont faites en bois avec des pièces de fer ou de laiton; on pose, s'il y a lieu, les tuyaux de plomb qui doivent conduire l'eau et le gaz.

Puis on recouvre les murs de papier et l'on peint toutes les boiseries et les pièces en fer pour les protéger contre l'action de l'air et de l'humidité.

TABLE ALPHABÉTIQUE

A

B

C

D

E

F

P

R

S

TABLE DES VINGT LEÇONS DE CHOSES

Paris. — Soc. d'imp. PAUL DUPONT, 41, rue J.-J.-Rousseau. (Cl. N 108.9.83.